A Library of Academics by PHD Supervisors

博士生导师学术文库

科学创造的哲学诠释

王习胜　著

中国书籍出版社
China Book Press

图书在版编目（CIP）数据

科学创造的哲学诠释/王习胜著 . —北京：中国书籍
出版社，2018.9
ISBN 978 - 7 - 5068 - 7015 - 3

Ⅰ.①科… Ⅱ.①王… Ⅲ.①科学哲学—研究
Ⅳ.①N02

中国版本图书馆 CIP 数据核字（2018）第 222638 号

科学创造的哲学诠释

王习胜 著

责任编辑	李 新
责任印制	孙马飞 马 芝
封面设计	中联华文
出版发行	中国书籍出版社
地 址	北京市丰台区三路居路 97 号（邮编：100073）
电 话	（010）52257143（总编室） （010）52257140（发行部）
电子邮箱	eo@chinabp. com. cn
经 销	全国新华书店
印 刷	三河市华东印刷有限公司
开 本	710 毫米×1000 毫米 1/16
字 数	222 千字
印 张	14.5
版 次	2019 年 1 月第 1 版 2019 年 1 月第 1 次印刷
书 号	ISBN 978 - 7 - 5068 - 7015 - 3
定 价	78.00 元

内容提要

理论研究的任务，在于对事物的现象从其内部联系作出科学的说明，也就是设想、构思其内部过程相互联系、相互作用的图景。由此推想，作为理论研究任务之内的哲学研究，虽然理应着力于改造世界，但首先要能够合理地诠释世界。对于显现人类智慧乃至于体现人的本质力量的科学创造而言，亦应如此。

本著以为，科学创造活动的内在图景是：自然的任何存在物都是有结构的，任何结构本质上都是一种序的存在方式；存在物可以无限多样的序的方式或形态存在，现实事物只是无限多样的序的呈现方式之一。潜在的无限多样的序的形式，既是人类认识的未知领域，也是人类进行科学创造活动的可能性空间；不同的序受不同的序律制约，不同的序具有不同的功能。科学创造的发明活动，就是提取序元，构建新序的活动；科学创造的发现活动，就是通过现实的序而发现事物显在的或潜在的序律的活动。创造规律受制于自然规律，而且物质不灭，从终极意义而言，科学创造只有发现活动，没有发明活动。日常所谓的科学发明，只是对物质存在形态之序的改变而已。

现代创造学之创造技法的总体特征是"以量求质"，它的创造功能仅仅在于：在序的可能性空间里帮助人们寻找创造对象可能存在之"序"（或序律），而创造教育的功能不外乎在于：培养创造主体积极"寻序"的心理品质（创造性人格）及其开放的思维品格（创造性思维），并努力培育一种适宜于"寻序""构序"活动展开的社会氛围（情境）。

Abstract

The mission of theoretical research is to make a scientific explanation for a thing's phenomenon from its inner connection, namely, to imagine and conceive a picture of mutual connection and interaction of its inner process. Therefore, it is thought that, as the philosophical research within the theoretical research task, the world should be reformed, but the world should be explained in a reasonable way. It should also be so for the scientific creation of human wisdom and even the embodiment of the essential power of human beings.

This works thinks that all of the natural things have their own structures which are also called orders, as is the prospect of scientific creative activities. Beings exist as unlimited forms or ways of orders, and the real world is one kind of them. The latent and infinite forms of the orders are not only the unknown field to human beings, but also the possible space for the scientific creative activities. Different orders are restained by different law of the orders, and all of them have different functions. So the process of scientific creative inventions is to abstract basic units of the orders, then to build the new ones. The function of scientific discoveries is to uncover the real or latent law by the real orders. Because the law of creation is controlled by the law of nature, and beings would not be exter – minated, the essence of scientific creation is only discovery, not invention. Generally speaking, the so – called scientific inventions are only the alterations of beings' existing orders.

The whole feature of the creative skills of modern creativity research is to pursue quality through quantity. We think that its creative function is only to help people seek the orders that can exist in the possible space of orders. The function creative education is only to cultivate psychological character (a creative personality), open thinking quality (a creative thinking) for the creative subjects to seek orders. What's more it should cultivate a kind of social atmosphere which is suitable for the action of seeking and building orders.

在时尚与落伍之间

——一种不合时宜的探索（代序）

一

时下，"创新"似是一种时尚，不论在学术界抑或实业界，不言创新者似乎就是逆时代之大潮。尽管在学者们的眼里，创造与创新之间有着诸多的差异，但在常人看来，创造就是创新，创新也就是创造，因而，能言创造者亦是一种时尚。本著名为《科学创造的哲学诠释》，因有"创造"二字，亦该在"时尚"之列。然而，随着哲学研究的重心由本体论到认识论，并移位于方法论和价值论，当代哲学更是在语言学中纠缠，哲学研究的语言学转向似乎是当代哲学研究之大势，如此背景下回归科学创造的本体论问题研究，未免有些落伍了。而本著的工作却正是对科学创造进行本体论追问的。

在作者的潜意识中，本无追求时尚或恐惧落伍的意念。所以，时尚也好，落伍也罢，完全是历史的原因或者说是时间的原因所致，与作者对这个问题的好奇心并无关涉。

二

我们可以这样认为：人类的历史就是人类的创造史。人类的所有追寻与思考，最终都可以规约为对创造的思考——创造的对象、创造的方法、创造的过程、创造的产品、创造的价值……，物质的创造、精神的创造，等等。至于创造的最后结晶，我们称之为：文明。在创造的追寻与思考中，历史地和逻辑地会导致人们意欲从高创造性才能者那里去学习各种各样的创造方法，也必然地和逻辑地导致人类有意识地对过去的创造发明方法和技巧进行总结，并最终体现在一门现代新兴学科"现代创造学"的诞生上。然而，不论是从专以创造为研究对象的"现代创造学"的诞生史，还是从人类业已完成的创造实践史中，我们都不难得出这样的结论：从需要目的出发而进行的各种各样的创造活动的人们，是少有时间或机会静下心来考虑这样一个问题：我们的创造何以可能？

随着国际间科技竞争的日益加剧，人们对如何进行创造发明、如何提高创造发明效率的诉求迫切性也随之加剧。这就使得本应在我们进行创造活动之前就思考和回答的那个问题——我们的创造何以可能，此时离我们又更加遥远了。急切、浮躁的心灵在具体的创造发明活动中摸索着创造的方法，探寻着创造的突破口，其中虽然也不乏有惊喜的收获，但并不说明"科学创造何以可能"的追究已无必要。

本著所拾起的就是那个我们早应思考和作答而又被我们久久遗忘的问题：科学创造的可能性问题。对这个问题解答基点并不是在实际活动中我们是如何做出来的，而在哲学上能够较为圆满地接受形而上学的追问。

我们对"形而上学"有这样的理解：其一是指超越于经验哲学的一般原理的学问、学科，即"物理学之后"（meta-physics）；其二是指哲学中最深刻、最一般道理的那一部分学问，通常称为本体论。当然，形而上学也有与辩证法相对立的方法论含义，但那是后起的，是始于黑格尔对康德哲学二律背反的批判。而作为"物理学之后"的形而上学则始于亚里士多德。亚氏称之为"第一哲学"。因之，本体论问题当是形而上学的核心。

今人判别某种哲学理论是本体论的或非本体论的，主要是看它是否对终极原理和原因有所追求。因为无论以何为本体，运用什么方法，它最终是对经验的超越和对最高本质与终极真理的追问，这是人类思维的本性，也是哲学的神圣使命。我们既然已经放弃了对时尚的创造方法或创新技巧的追寻，而回顾于差不多是世人视野之外的科学创造之形而上学的问题，那么，从本体论上，也就是从形而上中去追究科学创造可能性的根由，也就是理所当然的事了。因而，不以"形而上"为问题追索的起始，也就无从表达本著的本意或出发点。

　　当然，我们这种追求，也并不是远离"红尘"的。我们知道，走向主体化和价值论已是当代哲学发展的一个基本趋势。古典哲学的总目的是解决"世界是什么"的问题，而现代哲学已将主要精力放在理解"世界应当如何"的问题上。作为现代哲学的一部分，我们的探究，目的不外乎在于：为现实的科学创造提供一个哲学上的或学理上的指向。所以，我们对现代创造学的创造技法问题、创造力的培养与开发问题，也逻辑地作了"形而上"的审思。

三

　　既然我们已经逆当代哲学主流而回归于本体论问题探究，那么，我们似有必要大致述说一下本体论研究的脉络问题。同时，也顺便说明这样一个问题：我们为什么要将特别强调行为效率、成果形式非常具象的科学创造活动放置于极为"玄奥"的本体论的追问之下。

　　应当说，所有的古典哲学的核心问题都是本体论问题。本体论的衰落，在西方大约起始于近代的"我思故我在"说的笛卡儿、"白板"说的洛克等哲学大家。自笛卡儿、洛克以降，西方哲学思想体系的主体内容是认识论，而不是本体论。这一点在高举"人为自然立法"之大旗的康德之后，表现得越来越清晰、越来越自觉。而到了20世纪维也纳学派出现以后，拒斥本体论则成为该学派哲学家哲学研究工作的一个十分重要的内容和目标。该学派宣称：只有一种哲学，就是对科学进行逻辑分析的科学哲学，而所有其他体系的哲学都是可以排斥在真正知识之外的形而上学。他们一个个像中世纪昂首阔步的骑士，手里拿着"现代奥卡姆剃刀"①，将传统的被称为本体论或形而上学的问题，当作有关本质的多余议论一概剃去。20世纪的二三十年代，是维也纳学派的巅峰期，它在世界哲学界的影响也如日中天，所以哲学家们

---

　　① 威廉·奥卡姆（1285 - 1349），美国人，新唯名论的创始人。从"经济思维原则"出发，他认为，"如无必要，切勿增加实质"。这被学界视为学说体系建构中的一把剃刀。

似乎都不以研究和构造本体论思想体系为己任，甚至于对本体论研究不屑一顾。非但如此，他们还纷纷将批判本体论理论作为自己哲学活动的一个主要内容。哲学中的本体论研究在一片拒斥、消解声中跌入低谷。

哲学是善于也长于反思的。在经历了否定之否定之后，当代哲学研究中似乎又有了一丝回归本体论研究的迹象。当然，这不仅仅是就本著而言，而是有其内在必然性的。以下两位先生所言，可以看作是对这种必然性的诠释。

熊十力先生在其《新唯识论》中就曾指出："哲学，自从科学发展以后，它的范围日益缩小。究极言之，只有本体论是哲学的范围。除此之外，几乎皆是科学的领域。虽云哲学家之遐思与明见，不止高谈本体而已，其智周万物，尝有改造宇宙之先识，而变更人类谬误之思想，以趋于日新与高明之境。哲学思想，本不可以有限界言，然而本体论究是阐明万化根源，是一切智智（一切智中最上之智，复为一切智之所从出，故云一切智智），与科学但为各部门的知识者，自不可同日语。则所谓哲学建本立极，只是本体论，要不为过，夫哲学所穷究的，即是本体。"① 在熊十力先生看来，在科学发展之后，哲学研究的重心只在于本体论，径直地说，哲学就是关于本体论或形而上学的学说。

身兼中山大学、华南师范大学和山西大学等多所高校教授，并任中国系统科学研究会副会长的张华夏先生，曾在接受《哲学动态》记者访问时指出："任何一种哲学思潮的运动，都可能从'本体论中心'走向'认识论中心'，再走向'语言分析中心'和最后达到'以人为中心'的'对人的终极关怀'……但无论哲学怎样转向，任何哲学都有自己的本体论前提、本体论预设和本体论承诺，它是哲学的一个永不消失的部分。从孔德开始的一个半世纪以来，哲学家们拒斥形而上学，消除本体论的努力，都失败了。"② 张华夏先生所指的"拒斥形而上学"，在现代西方哲学中主要指科学主义与人文

---

① 熊十力. 新唯识论 [M]. 北京：中华书局，1985：90.
② 《哲学动态》记者. 系统主义哲学断视野：访张华夏教授 [J]. 哲学动态，2001 (1).

主义两大思潮。科学主义哲学家曾竭力主张要像建立科学那样建立哲学，否定本体论，拒斥"形而上学"。如分析哲学和语言哲学认为，哲学就是对科学概念、命题、结构、理论等进行逻辑分析和语言分析，否定哲学之世界观和人生观的意义。但最后却并没有挣脱"形而上学"的规约，只不过在追求另一种类型的形而上学，即一种企图解释一切科学问题的以经验为基础的逻辑结构模式。至于实证主义和逻辑实证主义哲学，表面上反对一切本体论，其结果不过是把世界归结为人的主观经验而已。为克服这种"唯我论"或"自我中心困境"，有些哲学家，如奎因，最终也不得不做出"本体论的承诺"。人本主义哲学家，虽然反对传统本体论，但并不一般地反对本体论，而是要实现传统本体论的现代转换，即克服传统本体论把世界二重化，而实现本体与现象的统一。这些失败与承认，从反面或侧面表明，当我们对以探索未知世界为主旨的科学创造活动进行哲学审思时，是不可能回避得了本体论问题的。这个领域里的本体论问题也是不可能被消解的。虽然我们不能绝对化地认为，有什么样的世界观就会有什么样的认识论，进而也就有什么样的方法论，但仅就世界观、认识论和方法论之间所具有的密切相关性而言，是无可置疑的。在科学创造活动中，世界观对认识论、方法论的影响也会同样存在。科学史上制造"永动机"、探寻"第一推动力"，以及测定"以太风"等诸多误入歧途的事例都已证明，科学创造活动是无法彻底拒斥哲学本体论影响的。由此，我们将科学创造活动置于极为"玄奥"的本体论的追问之下，目的也就十分显然了：为知识体系，抑或科学创造活动提供一种本体论的诠释。

不敢狂言本著能够正确地诠释甚至指导现实的科学创造活动，但我们确实是在向这个方向努力。成败与否是在这项工作之外或其之后的。

四

本著虽是安徽省教育厅 1999 年的（99JW0137）立项资助项目，但这种想法的萌发，并不是起始于 1999 年。在百思难解的极端困惑中，1999 年秋，我有幸得到原安徽六安师范专科学校领导同意，作为该校此学年度唯一的访问学者外出求学，更万幸得到北京大学科学与社会研究中心傅世侠教授的接纳，从而能够在北京大学进行了为期一年的访学研究。这个阶段，不仅对我体悟学术规范，而且为本著的构思、资料收集等起到了重要作用。但即便如此，本著也还是集众人智慧的结果。其中，尤其是我的导师和师长——北京大学傅世侠教授和东北大学罗玲玲教授的学术思想对我影响最大，自然，本著对她们的研究成果引用得也是最多。有关引用，我已一一赘释在后，不敢贪掠他人之美。读者可依书中索引检阅原文。有些珍贵史料，如1926年初版、1933年收入王云五主编"万有文库"丛书之中的日本人稻毛诅风著、刘经旺译的《创造教育论》，该书可能是中国最早的系统阐述"创造教育"的著作。为此，笔者不敢专享，本著中亦有评述。作为一部对科学创造活动进行哲学审思的著作，其中不少观点极有可能存在偏见或谬见，真诚欢迎审阅者给予批评、指正。

谨识如斯。

王习胜
壬午年仲夏
初拟于皋城月亮岛养心斋
丁酉年冬月
再订于江城天泽书屋

目 录
CONTENTS

01

上篇

追问本体

　　追问科学创造何以可能，似乎很不明智。人类社会的历史，本来就是一部进化和创造的历史。人类的创造活动和创造成果可谓俯拾即是、不可胜数，如何还有这"何以可能"之问?! 然而，我们的疑问并不在于：人类曾有过哪些创造活动和创造成果，而是意在：人类在实施创造活动之前，创造的"机器"——大脑——所进行的思维创造，何以能够实现对自在存在着的被创造对象进行创造，而且，这种创造还具有被物化为现实之可能?

　　马克思（Marx, K.）曾经很精彩地赞美过人类思维的创造性："蜜蜂建筑蜂房的本领使人间的许多建筑师感到惭愧。但是，最蹩脚的建筑师从一开始就比灵巧的蜜蜂高明的地方，是他用蜂蜡建筑蜂房以前，就已经在自己的头脑里把它建成了。"① 遗憾的是，马克思没有进一步说明，在建筑师的头

---

① 马克思. 资本论：绝对剩余价值的生产［M］//. 马克思恩格斯全集（第 23 卷）. 北京：人民出版社，1965：202.

脑里，"蜂蜡"是如何被构造成"蜂房"的，而且，更没有说明头脑里的"蜂房"是何以可以再被物化为现实的。

现代科学知识使我们对这样的问题已不足为疑虑：即思维一方面可以凭借其主观能动性由想象而自由地进行创造；另一方面又由于思维是间接地、概括地反映客观事物的（即不等于对象本身），而且，创造又是突破事物原有状态所进行的新的构造，所以，思维的创造又并不都可能被物化为现实。也就是说，思维世界里的绝妙创造并不都能被物化成同样绝妙的现实世界。显然，这里不仅仅有技术手段可否的问题，而且也有客观世界允许与否的问题。从哲学本体论角度而言，后者可能更为重要。也许正是因为有后者这一"铁"的规律存在，使我们不得不接受着这样的"事理"和"事实"：思维中精美的"空中楼阁"，决不意味着可以产生同样精美的、理想的物化的现实——"异想"不一定都能"天开"。它们之间还必须要有一座可以而且允许通行的"桥梁"存在。

如果仅仅从现实世界对思维的创造是否接纳的角度去考虑，那么，关于思维的"创造在哪儿"的问题至少有两个方面的课题值得我们去探究。一个方面是思维中有的"绝妙创造"为什么不能被物化为"理想"的现实；另一个方面是那些被成功地物化为现实的"绝妙创造"，其根基又何在？我们认为，回答这样的问题，其实就是在回答"科学创造何以可能"，这样一个带有创造哲学本体论性质的问题。

思维的对象十分广泛，不仅包括自然、社会，而且还包括思维自身。为了阐述的方便，不使读者在阅读和理解时，在思维与其对象之间发生可能引起的层次混乱，这里，我们姑且就将思维的对象限定在"自然"这个特定的对象上。创造的领域也很广泛，不仅有自然科学的、社会科学的，而且还有文学的、艺术的等人文学科方面的。既然我们已经将思维的对象限定在"自然"之中，那么，我们也就同时将创造的领域大致限定在"自然科学"——科学技术——这一特定的领域之中。由此，我们这里所讨论的"思维对象"则主要为"自然"之对象，创造的领域亦主要为"科学发现和技术发明"。

第一章

自在的自然如何存在

探索"创造何以可能"的问题，主要是探索思维创造的客观根源问题。而探索思维创造的客观根源问题，首先必须确定两个前提：一是思维创造的第一对象——自然——是以什么方式存在着；二是创造着的思维以什么"材料"进行创造，"材料"来源于何处，以及"材料"又是以何种方式被运演、加工的。不回答这两个问题，就不能充分地说明"创造在哪儿"的问题，进而，也就说不清楚"创造何以可能"的问题。当然，要充分说明"自在的自然究竟以什么方式存在"绝非易事，我们只能在前人已经取得的认识成果的基础上，对这一问题作尽可能有依据的梳理和说明。

第一节 宇宙原始

若要回答"自在的自然究竟以什么方式存在"，首先就得追问自然从哪儿、从什么状态演化而来，也就是要追问宇宙的原始。关于宇宙的原始，人类并不乏有精彩纷呈的猜想和假说，更不乏有权威性的结论。但我们不愿意不加理性思考地接受既成的甚或权威的学说，而想在对各种猜想或假说作了可能的理解后，得出我们自己的结论。如果以代表性、影响面乃至于信奉者或"信徒"的多寡为标准来取舍各种宇宙原始的学说，如下三"说"当为其最，即神创说、玄创说和物创说。

一、神创说

神创说，以对西方文化有着重要影响的《圣经》为代表。《圣经》认为，宇宙是上帝创造的。《圣经·旧约全书》在其"创世纪"篇中对上帝创世做了这样的描述："太初之时，上帝创造天地。地上全是水，无边无际，水面上空虚混沌，暗淡无光。上帝之灵运行在水面上。上帝说：'要有光！'光就立刻出现了。上帝发现光是好的，就把光明与黑暗分开了，称光明为白天，称黑暗为夜晚。夜晚过去便是早晨。这就是世界的第一天。第二天，上帝说：'要有穹苍。'第三天，上帝说：'水要汇聚成海，使陆地露出来。'第四天，上帝说：'天上要有光体，以便分昼夜，作记号，确定年岁、月份、日期和季节。天上的光要普照大地……'"①

从本源的"本源"的意义上，有人可能会进一步追问："上帝"是什么？是人？是物？他又是从哪儿来的？在上帝之前，宇宙又是怎样的？但神创论者拒绝回答这样的问题。正如圣·奥古斯丁（Augustinus，A.）在其《忏悔录》中所说过的：某些人对上帝创造天地之前说三道四，上帝为那些胆敢追究如此高深命题的人准备好了地狱。由于是上帝创造了宇宙，他就是宇宙的原始源头，在此之前的一切原始之"原始"的问题都不可追问。由于神创论者彻底地堵死了追问者进一步追问的管道，因而，在神创论那里，宇宙原始的"原始"到底是什么，就不得而知了，人们只能从他们那里读解到这样一些理念，即在上帝创造宇宙时，宇宙的状况是"地上全是水，无边无际，水面上空虚混沌，暗淡无光"，没有明暗、早晚及上下等秩序之分。

二、玄创说

古代哲学从本体论的角度——从"世界究竟是什么"之问出发，对宇宙的原始作了另一番颇为玄奥的猜测。例如，我国的《三五历》说："未有天地之时，混沌如鸡子，盘古生其中，万八千岁，天地开辟，阳清为天，阴浊为地。"《论衡·天篇》中说："元气未分，混沌为一。"《易纬·乾凿度》则

---

① 张久宣. 圣经故事［M］. 北京：红旗出版社，1994：6－7.

认为："太易者，未见气也。太初者，未见始也。太始者形之似也。太素者，质之始也。其似质具而未相离，谓之混沌"，"混沌者，言万物相混而未相离"。意思是说，在宇宙创生之前，宇宙是蕴藏万物于一体的浑然状态。老子在其《道德经》中说："天地万物生于有，有生于无。"《白虎通·天地》中有：开天辟地之前，"混沌相连，视之不见，听之不闻"。总之，在中国古人看来，世界原本是混沌的，后来"盘古开天地"，使清者上浮为天，浊者下沉为地，才形成了天地、上下等分明的秩序。

希腊的哲学家们与中国古人有着几乎同样的认识。正如恩格斯（Engels，F.）在其《自然辩证法》"导言"中所指出的："在希腊哲学家看来，世界在本质上是某种从混沌中产生出来的东西，是某种发展起来的东西，某种逐渐形成的东西。"[1] 例如，关于世界的本原，泰勒斯（Thales）认为是水，阿那克西米尼（Anaximenes）认为是气，赫拉克利特（Herakleitos）认为是火，等等。他们认为世界万事万物都是由水、气、火等，这些处于混沌状态的"原质"发展出来的。

从感觉经验出发，以思辨的方式，对宇宙原始的问题，玄创说给出的答案是："混沌"（或"浑沌"）。

三、物创说

长期以来，宇宙的原始问题一直都是宗教和玄学、哲学之本体论所探讨的问题，随着自然科学的发展，基于实证（实验）研究的自然科学，在宇宙原始问题上的回答渐成主强音。现代宇宙学正在努力证明，可以用物理学的方法去研究和回答宇宙的原始是什么的问题。

自 1917 年爱因斯坦（Einstein，A.）首提有限无边的静态宇宙模型[2]以

---

① 恩格斯. 自然辩证法［M］北京：人民出版社，1971：10.
② 静态宇宙模型：1917 年，爱因斯坦发表"对广义相对论的宇宙的考察"一文，建立了现代宇宙学的首个宇宙模型——静态宇宙模型。该模型认为，宇宙是一直保持静止不变的，宇宙空间的体积是有限的，但没有边界。这个空间里的物质没有运动，不随时间变化。爱因斯坦还假设，宇宙间有一股"斥力"，与万有引力的吸力相抵消。因此，宇宙保持静止不变。此即所谓的有限无边的静态宇宙模型。同年，德西特也提出一个静态宇宙模型。他认为，宇宙不随时间而变化，但宇宙物质却有运动，平均密度趋向于零。

来，现代宇宙学已有多种解说宇宙物质和结构演态的模型，或曰模型宇宙，诸如稳恒态宇宙模型①、等级式宇宙模型②、大爆炸宇宙模型、正反物质宇宙模型③等。其中，大爆炸宇宙模型被公认为是最具有解释观测资料能力的、对宇宙原始问题最能自圆其说的宇宙学理论。

　　大爆炸理论是由天文学家伽莫夫（Gamov，G.）于 1948 年提出来的。该理论认为：宇宙起源于一个温度极高、密度极大的原始原子。大约在 150 亿年前，由于某种原因④，基本上处于热平衡态的、浩瀚的、炽热而稠密的

---

① 稳恒态宇宙模型：1948 年，邦迪、霍伊尔和戈尔德共同提出稳恒态宇宙模型。它以完全宇宙学原理——宇宙中天体的分布不仅在空间上是均匀的、各向同性的，在时间上也是不变的——为前提，提出宇宙的整体在空间和时间上是始终保持不变的一种宇宙演化理论。该理论认为，宇宙在膨胀过程中，物质的密度将始终保持着稳恒状态，因此，当宇宙不断膨胀时，为了保持物质密度不变，就会不断有新的物质产生出来，以填补空隙。所以，老星系衰亡，新星系诞生，宇宙的总密度则始终保持不变。

② 等级式宇宙模型：该模型认为，天体在宇宙空间不是均匀分布的，因而，宇宙在结构上是逐级成层的。该模型由沙利叶提出，沃库勒发展。1938 年，有人发现了星系团的存在。他们认为，既然星系有成团现象，那么它们在空间的分布就不是均匀的。宇宙中天体是逐级成团的，宇宙的结构特征就是逐级成层、一层套一层的。

③ 正、反物质宇宙模型：天文学家克莱因和阿尔芬设想，宇宙中存在着极其稀薄的等离子体，其中，既有正常粒子组成的正物质，也有反粒子组成的反物质，它们数量相等。所以，在物质世界之外还存在着一个对称的反物质世界。

　　以上宇宙模型理论可参阅刘步林，成松林. 简明天文学手册［M］. 北京；科学出版社，1986：246 - 251；彭秋和，黄克亮. 神秘的宇宙［M］北京：科学出版社，1987：117 - 122.

　　2017 年 11 月 30 日，新华社发表文稿说，中国探测卫星"悟空"在太空中测量到电子宇宙射线的一处异常波动，意味着发现了疑似暗物质粒子的踪迹。宇宙中的暗物质是人类追寻多年的魅影，如果这一发现被进一步做实，对人类认识宇宙的本质将具有里程碑的意义。

④ 也有一说是：爆炸是从一个神秘的奇点开始的。这一奇点类似于藏在黑洞之内的奇点。美国物理学家克普·森恩（Kip Thorne）认为，银河系里可能有几百万个黑洞。黑洞是由引力产生的。因此，合乎逻辑地说，发现黑洞始于牛顿发现万有引力之后。法国数学家和天文学家拉普拉斯（Pierre Laplace）——1798 年至 1825 年著作并出版《天体力学》的作者——是最早预言黑洞的科学家之一。理论上，黑洞可以用人工的方式产生。只需要把质量压缩到它的引力半径大小，此后它将自己收缩，经历引力坍缩。因为引力半径直接与质量成正比。因此，要把一座 10 亿吨的大山转变成黑洞，必须将其压缩到一个原子核的大小（因为地球的引力半径大约是 1 厘米）。参见［俄］伊戈尔·诺维科夫. 黑洞与宇宙［M］. 黄天衣，陶金河译. 南京：江苏人民出版社，2000：92，2，7，24.

原始原子爆炸了，宇宙急剧膨胀，物质体当然也就随着宇宙的膨胀而相互远离。在高温高密度的情况下，发生了各种基本粒子的相互作用，形成了辐射以及各种化学元素。后来，随着宇宙的膨胀，物质体渐渐冷却，逐渐衍生成众多的星体，直到出现生命，成为现在的宇宙。

在大爆炸理论问世之后，现代宇宙学又进一步向前发展。1973 年特利昂（Tryon，E. P.）首次提出了封闭宇宙自发创生于真空涨落的可能性①；20 世纪 80 年代，维伦金（Vilenkin，A.）和林德（Linde，A. D.）又各自独立地提出了宇宙由"无"通过量子隧道效应自发创生的量子宇宙学理论②，

---

① 1973 年，特利昂首先提出了封闭宇宙自发创生的可能性，认为宇宙的所有守恒量均等于零。在宇宙创生过程中，总能量严格守恒，且宇宙起源于具有总能量为零的量子波动。该模型预言宇宙是均匀的各向同性的，宇宙是由等量的物质和反物质组成。特利昂的宇宙创生模型为以后产生的"从真空涨落中创生宇宙"的理论奠定了概念基础。

② 维伦金的宇宙创生"隧道"方案。1982 年，维伦金提出了一个宇宙模型，认为宇宙自发地从字义的"无"（Literally nothing）所创生。该理论的主要观点是：在大爆炸处（t = 0）没有奇点，也不需要初始条件或边界条件。宇宙的结构和进化完全由物理定律所决定。他认为，"无"所在的区域不是经典时空，是没有限制的量子区域。经典时空的基本概念，如空间、时间、能量、熵等失去他们原有的意义。随后，维伦金贯彻"隧道"精神，以引力场和物质场构成封闭宇宙，用路径积分方式研究了量子宇宙存在非零几率穿过势垒的情况，并提出了隧道方案宇宙波函数的边界条件形式。可见，维伦金所讲的"无"是存在着引力场和物质场的，不是虚无。

林德的混沌暴涨方案。自 1981 年，古斯（Guth，A. H.）提出暴涨宇宙论后，1982 年前后，林德提出了新暴涨宇宙方案；1983 年他又提出了混沌暴涨方案。他认为，早期宇宙空间大部分是由充斥着最不平衡的标量场的各个区域迅速扩大而引起的。宇宙的暴涨是由于早期宇宙混沌初始条件（指各个标量场的混沌分布）的自然结果，在真空对称破缺后，都可在时空中形成宇宙泡，每个宇宙泡在暴涨后都可以形成一个"微宇宙"。我们人类就生活在其中一个微宇宙之中。每个微宇宙经暴涨后都超过我们观测宇宙的尺度。

霍金（Hawking, S. W.）① 及其合作者——中国科技大学吴忠超，又开创了"宇宙无边界"的量子宇宙学。这些新的宇宙原始理论有一个共同点，那就是宇宙是从"无"创生的。不过，这里的"无"，不是绝对的"虚无"，而是量子的"有"，也即一种"混沌"。

总之，物创论宇宙演化的起点——宇宙的原始——"炽热而稠密的物质"，其实也是一种"混沌"。

综上，不论是神创说、玄创说还是物创说，尽管各自的论点不同，论据各异，但我们不难发现"三说"之间却存在着一个颇为一致的"基调"，那就是：宇宙原始于一种没有秩序的"混沌"。当然，我们也应该注意到"三说"对"混沌"的理解是不尽相同的。

第二节　混沌及其演化

如果说宇宙原始于"混沌"，那么，什么是混沌？混沌又将向何处演化？

_____

① 霍金（英国剑桥大学）的宇宙创生"无边界"方案。1983 年，霍金提出量子宇宙模型。他与中国科技大学吴忠超共同发展了一种"没有时间"的宇宙理论。他们首先在四维欧几里得空间中建立物理定律。这种欧几里得空间是不包含时间坐标的，把欧氏空间中的结果延拓到含有时间的闵可夫斯基时空，就成为描写物体在时空中运动的理论。在这种理论框架中，时间不再是最基本的量，而只是一种观测的表象。也就是说，在这种情况下，本质上是非时间的，是不能用时间表象的，即时间概念完全失效。从本质上无时间表象到存在时间表象，就意味着时间从非时间状态起源。在物理学中，运动的原因是用求解运动方程时的初始条件和边界条件来描写的。这些条件表明体系之外原因是用求解运动方程时的初始条件和边界条件来描写的。这些条件表明体系之外或体系存在之前的物理存在如何影响谱体系的运动。要确定宇宙的创生，也就要知道创生宇宙的初始条件和边界条件。但由于"没有任何东西存在于宇宙之外"，这就给了一个极为明确的边界条件，即宇宙的边界条件就是没有边界。因此，宇宙之外的无，是宇宙创生的"源"，即"有生于无"。根据这个原则，他们给出了一个宇宙创生于"无"的数值解，即时空为四维，而物质只是一种有质量的标量场。用"宇宙没有边界"这一边界条件，他们描绘了时空及标量场的创生图景。

以上参见孙显曜，吴国林. 论宇宙创生的物质性：评量子宇宙学模型［J］. 昆明：云南社会科学，1993（2）.

类似之问古已有之。

　　早在公元前 300 年，我国伟大的诗人屈原就曾在其《天问》中问道："遂古之初，谁传道之？上下未形，何由考之？""明明暗暗，惟时何为？阴阳三合，何本何化？"意思是太古时代，宇宙的秩序是怎样形成的？上和下的秩序还没有形成时，又如何去考察和研究呢？宇宙中，明明暗暗的秩序又是怎样形成的呢？天、地、人的秩序及其本源是什么？又是如何发展来的？屈原所提出的这些问题，一方面反映出他对世界秩序问题的深刻思考，另一方面也在激励着后人去对这些问题作更为深入的、科学的研究。

一、混沌的含义

　　"混沌"一词，最早出现在中国和希腊的神话故事中。"混沌"在英文、法文和德文中写作"chaos"。随着人类文明的进步，文化和科学的发展，这个词不断地被文学和艺术、宗教经典和科学著作等所采用。几千年来，在不同的地域文化背景和不同的学科领域中，"混沌"一词有着不尽相同的内涵。大致说来，有如下三个层次①，即古代作为形而上学理解的"混沌"、近代一般科学将其与混乱、无规则等同的"混沌"，以及现代科学给予的具有严格定义的非线性动力学的"混沌"。

　　作为形而上学含义理解的"混沌"，主要是描述一种自然状态及其演化，即宇宙之间天地开辟之前的一种状态。所谓"气似质具而未相离""元气未分，浑沌为一"。到了近代，随着科学的发展，"混沌"概念便发生了演变。近代科学是以牛顿（Newton，I.）力学为旗帜的，然而，牛顿力学是关于运动的学说，不是关于演化的理论。牛顿及其追随者认为，确定系统的行为是

---

　　① 　还有另一种意义的浑沌，如《庄子·应帝王》："南海之帝为倏，北海之帝为忽，中央之帝为浑沌。倏与忽时相与遇于浑沌之地，浑沌待之甚善，倏与忽谋报浑沌之德。曰：'人皆有七窍，以视听食息，此独无有，尝试凿之。日凿一窍，七日而浑沌死。"参见崔大华．庄子歧解［M］．郑州：中州古籍出版社，1988：300.

完全确定的、可以预言的①。他们抛弃了古希腊学者朴素的辩证思想，把混沌与混乱、无规则等同，否认宇宙起源于混沌的观点。他们认为，宇宙创生之前的唯一存在是上帝，从上帝施加第一推动力的时刻起，宇宙就成了像钟表一样的一个动力学系统，处于遵循牛顿定律的、确定的、和谐有序的运动之中。受此影响，在 20 世纪 60 年代以前，在常识科学和日常生活中，人们都将"混沌"理解为混乱或无规则。科学发展到了 19 世纪后半期，虽然牛顿力学理论仍占主导地位，但拉普拉斯（Laplace，P.）等人对星云假设的科学论证，有力地促使了古希腊和中国古代的自然演化思想为科学界所重新接受。热力学是率先讨论"混沌"的自然学科。热力学②理论的创立，热力学第二定律的发现以及热平衡态的深入研究，为古代学者关于宇宙原始于混沌的猜测提供了科学的论证。从 19 世纪末到 20 世纪初，以量子论和相对论的创立为标志的科学大革命，把人们的认识引向了微观和宇观的层次，从波尔（Bohr，N. H. D.）、海森堡（Heisenberg，W.）到汤川秀树（Yukawa）、普里高津（Prigogine，I.）等一批现代科学的杰出人物，为解决他们所面临的重大理论课题，纷纷研究古代的尤其是中国的哲学思想。③ 这样，古代的混沌思想与现代的科学理论交汇了。新兴的现代科学——现代非线性动力学认为，绝大多数确定系统也会发生奇怪的、复杂的、随机的行为。随着科学研究的深入，人们将这种现象与古代的混沌思想相联系，于是，确定系统的可用数学工具精确描绘的复杂随机行为，被称之为"混沌"。我国混沌学研究者郝柏林院士认为："混沌是确定系统的内在随机性。"④

---

① 有人说，近代自然科学是从 1686 年 4 月 28 日开始的。这一天科学家牛顿向伦敦皇家学会提交了《自然哲学之数学原理》一书。牛顿在著作中认为：自然界中物质的运动和状态的变化有着完全确定的规律。如果说人能够知道一个体系在某一时刻的详细情况，那么就可以利用几条基本运动规律去预测该体系在那个时刻以后任何时刻的行为，甚至可以反推出它过去的行为。换句话说，将来的行为完全决定于现在，而现在的行为完全决定于过去。参见李如生. 有序与无序的奥秘［M］. 北京：人民教育出版社，1984：120.

② 热力学：产生于 19 世纪中叶，是研究由大量粒子所组成的宏观系统的热现象和力现象之间关系的学科。

③ 吴祥兴，陈忠. 混沌学引论［M］. 上海：上海科学技术文献出版社，1996：11 – 13.

④ 郝柏林. 自然界中的有序和混沌［J］. 百科知识，1984（1）.

从古代经近代到现代，"混沌"概念虽然经历了含义、层次不同的"苦旅"，但是，人们对"混沌"的复杂性、随机性，也即非有序性表征的认识，却始终未有根本性的改变。

二、混沌的演化

"混沌"一定是复杂的、随机的，也即非有序的吗？郝柏林院士认为，混沌"可能包含着丰富的内部结构"①。换句话说，作为事物的一种存在形态，混沌可能具有丰富的、有序的内涵。

从神创论和玄创论的观点中，我们并不难看出他们的主张：混沌会向有序化方向发展。例如，《圣经》中就曾明确写到，上帝创造天地之后，随即就作了明暗、早晚、年岁、月份、日期和季节等有序的区分与创造；玄创论者老子在其《道德经》中也认为："道生一，一生二，二生三，三生万物"；《易经》中说："有天地，然后有万物"，"易有太极，是生两仪，两仪生四象，四象生八卦"；《易经·序卦传》还进一步描述道："有天地然后有万物，有万物然后有男女，有男女然后有夫妻，有夫妻然后有父子，有父子然后有君臣，有君臣然后有上下，有上下然后礼仪有所措"等，无不体现出自然由"混沌"无序向有序演变的思想。

现代科学对原始"混沌"之后的发展问题作了更具学理的说明。例如，非线性动力学的重要创始人之一——普里高津，就把古代"原始混沌"概念解释为热平衡态，称为"平衡热混沌"。他进一步认为，"平衡热混沌"将向有序化方向发展。这是因为，一切事物都是与外界环境不断交换物质和能量的开放系统②。开放系统在远离平衡的情况下，由于非线性的复杂因素的影响而出现涨落，当发生某些特殊事物的耦合，达到一定的阈值时，会突然出

---

① 郝柏林.自然界中的有序和混沌［J］.百科知识，1984（1）.
② 这里的"开放系统"是自组织理论的概念。自组织理论将系统分为三类，即孤立系统、封闭系统和开放系统。所谓孤立系统，是与外界既没有物质交换也没有能量交换的系统；所谓封闭系统，是与外界只有能量交换而无物质交换的系统；所谓开放系统，是一种与外界自由地进行物质和能量交换的系统。在现实中，任何系统都不可能既不与外界进行物质的交换，又不与外界进行能量的交换。因此，并没有严格意义上的孤立或封闭系统，因而，系统都是开放的。

11

现以新的方式组织起来的现象，从而产生新的质变。于是，原来的混沌无序的混乱状态，就会转变为在时空上或功能上的有序状态。由于系统可以不断地从外界吸收负熵①流以抵消自身的熵产生，使系统的总熵保持不变或逐步缩小，因而系统完全可以形成并维持一个低熵的非平衡态的有序结构。协同学②的创始人哈肯（Haken，H.）也持类似的观点。现代混沌学研究的结果更为清晰地表明：在非线性领域某些表象上具有貌似随机性的复杂现象背后，潜藏的正是确定性的简单规律。例如，气象学家洛伦兹（Lorenz，E. N.）③ 就用三个简单的非线性方程所组成的方程组，模拟了天气变化的基本规律④，而且，今天的天气预报的准确率已经达到了80%以上。这一切说明，不论从何种角度看"混沌"，混沌都是包含着有序或者是向着有序的方向演化和发展的。

---

① 熵（entropy）是热力学第二定律中的重要概念，是德国物理学家克劳修斯创造的概念。1864 年，他在《热的唯动说》中首次提出了熵的概念。熵这个词取自希腊文"变换"的意思。它是由代表"能"的字根 en（ener – genia）和代表"变易"的字根（trepein）复合而成的，表示一种对变化了的能量的量度，即物质系统的热力学态函数。熵增大，意味着系统的能量虽然在数量上守恒，但转变成为功的可能性降低，不可用程度增高，系统就越向无序化方向发展。

② 协同学是一门研究远离平衡态的开放系统规律的学科。由德国理论物理学家哈肯创立。1977 年，哈肯吸收了平衡相变理论的序参量概念，采用概率论、随机理论建立起序参量演化的主方程，解决了有序结构形成的自组织理论问题。1978 年，他从研究时空有序发展到研究功能有序，进一步研究了从有序到无序的变化。

③ 洛伦兹是气象学家，美国麻省理工学院（MIT）教授。20 世纪 60 年代，由于他在混沌领域的开创性研究而被誉为"浑沌学之父"。他曾提出过著名的"蝴蝶效应"概念，著有《混沌的本质》。参见刘式达，刘式适，严中伟译. 混沌的本质［M］. 北京：气象出版社，1997：1. 作者在其著的序言中说："约 30 年前，我在天气预报的理论方面做开拓性实验时，偶然发现了一种后来被称作'混沌'的现象，这种现象表面上看是随机的，不可预报的，而事实上却是按照严格的且经常是易于表述的规则运动着。"在该书中，作者还写道："'混沌'一词也是如此。这个古老的词最初表示完全缺乏具体形态或系统排列，而如今则常用来表示某种应该有的秩序却没有出现。"

④ 包和平，李笑春. 混沌是确定系统的内在随机性吗？［J］. 自然辩证法研究，2001（2）.

三、有序之后

"混沌"将演化为有序，那么，有序之后又将如何发展呢？

克劳修斯（Clausius，R. J. E. ）的热力学第二定律认为，热只能向冷的方向迁移而不能逆流，即具有不可逆性。因此，系统最终会趋于热平衡状态而走向无序。他将这个理论推广到整个宇宙，提出了"热寂论"，预言了"世界的末日"。与此相反，达尔文（Darwin，C.)① 的生物进化论却以十分充足的论据证明，整个世界的物种都是通过生存斗争和自然淘汰，由少数原始细胞经过千百万年进化、分化、复杂化而发展起来的。其演化的方向是由简单到复杂，由低级到高级，由无序到有序，进化的箭头始终是指向建设性、创新性和组织化的。后来，有些哲学家将之推广到整个世界，认为世界演化的方向与进化论所揭示的方向相似，宇宙的发展总是由不确定的、分散的同质状态，进化到确定的、凝聚的异质状态，进化的目标是指向最完美和最有序的状态。

那么，有序之后，究竟向何处发展呢？向有序抑或无序？现代科学的新近研究表明，有序之后，既不是简单地向有序也不是简单地向无序单方向发展，而是向着新的混沌方向发展。这是因为，一个远离平衡态的有序系统，当它进一步远离平衡态的时候，系统就可能从某种有序状态演化到新的无序混沌状态。当然，由混沌状态还可以再演化到新的有序状态。

之所以在远离平衡的条件下，有序状态会发展到混沌状态，其中一个重要原因，就是随着偏离平衡程度的增加，本来有序的状态又会不断地失去其稳定性，导致新的混沌的出现。

有序走向新的混沌，但混沌出现的具体情况可能各不相同。有的可能走

---

① C. 达尔文是英国博物学家，1831－1836 年乘英国海军勘测船"贝格尔号"作了历时 5 年的环球旅行。1859 年出版《物种起源》。进化论认为，地球上的各种各样的生物都是由共同的祖先经过漫长的年代逐渐演变而来的，而演变的过程遵循着由简单到复杂、由低等到高等的进化顺序。所谓复杂和高等，主要指生物在形态和功能上，即构成生物体的生物化学物质在空间分布和时间变化上有严格的和细致的规律，也就是高度有序。因此，生物进化的过程就是生物体变得更加有序的过程。参见李如生，有序和无序的奥秘［M］. 北京：人民出版社，1984：27.

向美国科学家费根鲍姆（Feigenbaurn）提出的"倍周期分叉道路"，即当系统的外界参数发生变化时，系统的运动可以从有序走向混沌；有的可能是走"阵发混沌"道路，即系统在周期振荡与混沌运动之间无规则地交替着，系统的行为时而有周期性，时而又趋于混沌，并且周期部分的比例逐渐减少，直到消失，最后系统归于混沌状态；有的可能发生准周期运动，即由两个或三个非有理比例的准周期运动突然失稳而陷入混沌，等等。

总之，有序和无序不是绝对的，犹如分子运动混乱的水蒸气，可以凝结为有规则的、美丽的冰花，而冰花经加热又会变成分子无规则运动的液体、气体。也就是说，无序和有序是可以相互转化的。从事物发展的角度看，有序虽然最终会走向混沌，但这时的"混沌绝不是简单的无序，而更像是不具备周期性和其他明显对称性特征的有序态"①。

四、两种有序

当我们从非线性动力学角度去看"混沌及其演化"问题时，有一种感觉，即事物的有序似乎只有一种运动状态。其实，在自然界里，"有序"并非"仅此一家，别无分店"。当我们换个视角来审视事物的存在形态时，便会发现"有序"至少存在两种类型：一类是随着能量的消散、温度的降低而出现的有序。如有序性很强的晶体，又如水蒸气凝结为冰花，等等。它会随着温度的升高或失去平衡而使有序结构解体；另一类则相反，它会因与外界交换物质和能量而保持甚至发展自己的有序结构。这是一种远离平衡的有序。形成这种有序的系统，是一种开放的系统。这类系统对生命、对人类有着特殊的意义。因为生命和人类，以及人类社会就属于这类系统。这类系统也就是普里高津所说的产生"耗散结构"的系统，亦即非线性动力学所研究"有序"的对象。当然，这两类"有序"之间有很大差异。

其一，空间尺度范围不同。平衡结构中的有序主要是指微观的有序。这种有序的特征尺度，即结构单元的尺度是与原子或分子处于同一个数量级的。比如，一块食盐晶体就是一种平衡结构。如果我们把一块大的食盐晶体

---

① 郝柏林. 自然界中的有序和混沌 [J]. 百科知识，1984（1）.

敲碎，使它成为许多大小不同的小块，仔细观察，可以发现有许多小块跟没有敲碎之前的大晶体具有相同的形状。如此继续敲下去，最后可得到晶体的基本单元。它们是由钠离子和氧离子按一定比例规则排列而形成的。所以，大晶体是由许许多多基本单元重叠而形成的。这说明晶体内部有许多周期重复的有序结构。这种有序结构的特征尺度就是其基本单元的尺度。而非平衡的有序尺度则是宏观数量级，比如，可以用厘米或米去量度。

其二，结构的动静不同。稳定有序的平衡结构是一种静态的"死"结构，而稳定有序的非平衡结构是一种动态的"活"结构。所谓"死"结构是说这种有序结构一经形成，它不会随时间、空间的变化而变化，体系内部的热运动，也只能使分子在平衡位置附近振动，不能破坏系统整体的有序状态。而在非平衡结构中的有序，却是一种动态变化着的有序，它不断地在时间或空间上呈现有规律的周期性变化。

其三，维持有序态的条件不同。在平衡结构中，其稳定有序一旦形成，就可以在孤立的环境中维持，并不需要从外界补充物质和能量。例如，一块食盐晶体，可以储藏在与外界隔绝的瓶子里，不管储藏的时间多长，只要温度足够低，食盐晶体总可以保持着规则有序的结构。所以，平衡结构是一种不耗散能量的"死"结构。而非平衡的有序结构就大不相同，它必须在一个开放系统中才能形成，也必须在一个开放系统中才能维持，它要求不断地吐故纳新，不断地和外界发生物质和能量的交换，才能维持它的有序状态。①

尽管两类"有序"之间存在着诸多的差异，但它们毕竟都是"有序"的存在形态。况且，即便是"混沌"——从某一个视角去看，比如对于同一个对象，我们从动静、宏观微观等不同的视角去看，会有不同的结论——也不是绝对的无序，而是一种"有序"的转化形态，其中蕴涵着新的"有序"。从这个基点出发，我们有理由这样认为：不论在宏观世界中还是在微观世界中，也不论在运动状态中还是在静止状态中，自宇宙从"混沌"原始发生演化之后，宇宙内的万事万物都是向"有序"方向发展，并且都是以"有序"的形态存在——静态的或动态的，宏观的或微观的，有机的或无机的，生物

---

① 颜泽贤. 耗散结构与系统演化［M］. 福州：福建人民出版社，1987.

的或非生物的，等等。"有序"的存在，是自在自然的本质形态。

第三节　序的图景

在我们从认识史角度对自在自然的存在形态作了考察之后，在作答"科学创造何以可能"之前，我们还有必要进一步对"序"本身作一番哲学的考察和抽象。

一、序的界说

"有序"，通常被简称之为序。序，英文为"Oder"，与之对应的概念是无序（Disorder）和混沌（Chaos）。序是什么？不同的人有不同的理解。有人认为，序是事物内部诸要素或事物之间有规则的组合、联系和转化；也有人认为，序是宏观可辨的异度，有序就是指宏观可辨的异度，并且具有相对一定时空的动态稳定性。自然科学家们一般认为，有序就是对称的破缺。

为了更为通俗地说明什么是序，我们不妨先放下这些抽象的理论辨析，而从实践中序的现象说起。

关注一下身边的事物，我们会发现，当人们购买物品时，依次排列的队形便显示出一种有序（秩序），而当出现抢购拥挤时，这种序便不存在；在交警和交通规则的约束下，行人和车辆按规则和要求行走，便显示出有序，一旦冲破了这种约束，就会显示出混乱；生物学中核苷酸的 DNA 排列是有序，氨基酸的排列是蛋白质的序，生物的发育和演化本身就是一个有序的过程；天文学中行星、卫星等星体的运动，所呈现出的具有一定的轨道和周期，也显示着它的有序性……，无尽的乐章是有限的音符通过排列组合而产生的种种音符之"序"；棋谱显示着对弈中万千排列的棋"序"；斗转星移、花信经期、化学反应、字典编排，等等，无不显示着一种序的存在……

抽象上述序的现象，我们可以得出如下结论：即大凡是有序的事物之间，总是存在着某种联系、某种约束、某种规范或规则。所以，晶体的空间点阵有规则的排列、行星绕着太阳有规则地运转、地层有规则的排布，原子中电子按不同的能级分成不同的壳层，原子按一定的顺序结合成分子等，只要事物按照一定的规则进行着排列、组合、运动、转化等，我们都认为它们是有序的，反之，事物的排列、组合、运动和转化，如果没有规则，我们就认为它们是无序的、混沌的。但由于"浑沌"并不等同于无序，而是另一种状态的"有序"，因此，我们认为，不存在绝然无序的事物。即便是一堆乱石，也有平衡力作为它能够稳定的"序"，否则，它就不可能平衡与稳定，只不过这种序有时难以为我们所认识罢了。有基于此，我们为序所作的界定就是：所谓序就是事物的一种有规则的结构状态，是事物结构的构成规律的表现形式。这种结构状态或形式，既可能是动态的，也可能是静态的。

二、序的种类

事物的序，不仅与其内在要素有关，同时还与其外部环境有关。从内在和外界两个角度去审视，"序"可分为两种，即结构序和功能序。

所谓结构序，是事物或系统的结构规则或顺序的反映，它表示着系统内部各要素相互联系和作用的方式。结构序又可分为时间序和空间序两种情况。所谓时间序，指事物在发展变化中时间上先后或同时的秩序。按照辩证唯物主义观点，任何事物都是以时间和空间的形式存在的，作为时间的存在，任何事物都有一个发生和发展的过程，任何系统都在发生变化，而这种过程和变化是一种时间的确定性。事物确定而有规则的变化、发展也就是时间序。例如，候鸟越冬前按时返飞，鱼类的回游与产卵，动物的寻偶与生殖，月圆月缺，花开花落等，都是按着时间进程而有规律地发生变化的，也都体现了事物的时间序；所谓空间序，指事物在空间分布上的规则。任何事物都有确定的空间分布，但这种分布又不是完全均匀同一的，而是按一定的方式排列和结合起来的。如晶体的点阵结构等。

所谓功能序，就是指系统与外部环境相互联系和作用过程的秩序和能力，它体现了一个系统与外部环境之间的能量和信息的输入和输出的变换关系。

结构是对系统的内描述，功能是对系统的外描述。外描述的本质是对系统的"功能"描述。所以，结构序和功能序所说明的正是系统的内部作用和外部作用。①

三、序的结构

序是事物的一种有规则的结构状态，那么，这种结构状态又有哪些要素构成呢？

其一，序的要素。从构成要素角度论，每个序都是由序元、序链和序律等几个部分所构成的。所谓序元就是组成序的基本单元。例如，五个人排队，其中的每一个人就是这个队列中的一个基本单元，也就是一个序元；所谓序链就是由不同的序元所构成的整体。例如，五个人排队，这个队列就是一个序链。元素周期表便是元素之间的序链；所谓序律就是制约、规范和约束序元，以使之构成序链整体的内在规律或规则。例如，五个人排队，"身材从高到矮"或"年纪从小到大"等排队规则，就是这个队列的序律。万有引力等便是宏观自然界事物的序律。

其二，序元、序链和序律之间的立体关系。序元是构成序链的材料，序链是序元整体化的表征，序律是制约序元构成序链的规则。没有序元则无以构成序链，但序链也不是序元之间的简单相加，而是各序元整合后的统一。没有序律，即便有序元，也无以构建出"整体大于部分之和"的、具有某种功能的序链，即所谓"没有规矩，不成方圆"。因而，三者之间是相互依存、相互作用的辩证统一的立体关系。

就序元与序链、序律之间的关系而言，每一个序元都是相对独立的，即存在着所谓的序元"民主"。这是因为序元本身也可以视为一种"序"。这个"序"可以从两个方面去理解。一方面，从"自相似结构"理论去理解。混沌理论研究揭示，系统的局部与整体具有"自相似结构"，即如果把局部放大则有与整体的相似性。"自相似"说明，序中的序元也都具有向序之整体或其中的一部分发展的可能，尤其是克隆研究的成果、基因组的研究成果，已经证明和正在说明这一点。另一方面，只要我们想象一下，物质是由分子和原子组成的，而分子和原子本身也是一种"序"，也是独立的，这个问题

---

① 颜泽贤. 耗散结构与系统演化 [M]. 福州：福建人民出版社，1987：178–179.

就不难理解了。

就序元在序链中承担着双重角色、发挥着双重功能而言，"自由、民主"的单一序元，只有在使之有序化的序链联系之中，才有可能获得"存在"意义。因此，没有一个序元是可以完全独立存在的。当独立的序元受序律规范而被强制联系到序链中时，它就既联系、作用着其他序元，又被其他序元联系着、作用着；既在其他序元的约束规范下工作，又约束、规范着其他序元，以适合序链之整体要求；既执行着序链分配给的职能，又承传着来自序律的规范。所以，序元在序链中是承担着双重角色，发挥着双重功能的。当序元发挥着其自身功能作用时，便使序链呈现整体性功能；当序元发挥对其他序元的约束、规范作用时，又使序链具有了整合①性功能。

就序元与序链的生成关系而言，自组织理论认为，结构的约束力及由此而产生的规则，只能来源于系统的内部。就序链的生成来说，这种约束力也只能来自于序链中序元之间的相互作用。序链中的各序元并不具有同等地位。在序元的相互作用中，往往只是少数序元或一个序元在其中起着支配性作用，这从所谓的奇点或奇怪吸引子中得到佐证。而其他序元则是处于伴随地位或从属地位。正是由于有少数甚至单个序元对其他序元形成了一种约束，系统的序链状态才会得以产生。这种情况不论是在太阳系中太阳对诸行星的影响，还是在"权力金字塔"中领导对其他社会成员的支配等，都是普遍存在的。哈肯在其协同学中把这种情况称之为"役使原则"（Slaving Principle）。当役使原则出现时，序元的自由度减少，序链产生；当役使原则失效时，序元的自由度增大，就会导致序链解体。序链产生是一种进化，序链解体也是一种进化②，这种进化是否定与肯定关系意义上的进化。

从序元的质量与序链的质量及其功能的关系来看，质量低劣的序元会直接影响到序链的质量及其功能。当然，高质量的序元，也只是优化的序链及其功能正效的必要条件，并非充要条件。随着序元生命力终结的来临，序链

---

① 整合：有地质学整合（conformity）和心理学整合（integration）两种意义。作为心理学意义的整合，有结合、综合和一体化的意思。这里所讲的整合，取的是心理学意义。参见倪荫林. 论整合性［J］. 科学技术与辩证法，1997（4）.

② 王兆强. 有序、无序和混沌［J］. 科学技术与辩证法，1989（1）.

的质与量及其功能也会随之降低、减弱，直到消失。

从序元之变看序链之变。一方面，有关序元质量的优劣、功能的强弱，序元加入或是退出，势必会引起序链的某种量或程度的变化，即组成序链的各个序元之间相互作用的强弱，序链存在发展的规模，有序程度（空间的量），序链的持续程度（时间的量）等变化；另一方面，由于各序元都是独立的，序元本身也可以承受、消解来自序链的变化而不会立即反应到序链之中，从而使序链在一定时期内具有一定的稳定性。但是，当序元量的变化达到一定阈值时，则必然会发生序链的质变。序链质变，必然也会引起序的结构和功能的变化。

其三，序链与序元的关系。就序链对序元有整合功能而言，"自由、民主"的序元一旦形成了序链之后，序链对序元就具有了约束、整合功能。正是由于这种整合，才能使序链能够产生出序元个体所不可能具有的特性。例如，原子相互作用形成分子时，通过原子轨道的杂化作用，使能量相近的原子轨道组合成分子轨道，从而使原子的一部分性质消失，转化成分子的性质，亦即分子序链的整体性质。就具体的水分子而言，其中氢原子不再具有其单独存在时的那种可燃性质，氧原子也不再具有它单独存在时的那种可助燃的性质，然而，水分子却具有氢和氧原子单独存在时所不具有的性质。如沸点为100℃，冰点为0℃，并且具有可阻燃的性质，通常可用作灭火剂。由于任何一个序元都不可能具有序链整体那样大的质量，因此，从序链对序元的整合功能的角度来说，的确存在着"整体大于部分之和"的情况。当然，序链的整合也并非都是积极效应的，而是存在几种可能情况，一是正效应。例如，2个劳动力相互联系，密切协作，发生正交互作用，其劳动效应为1+1>2。二是负效应。比如，2个劳动力在劳动过程中相互扯皮，内耗增大，发生负交互作用，其劳动效益就大为减弱，甚至无劳动效益，即1+1<2，或1+1=0，甚至是负数；三是中性效应或零效应。如2个劳动力单干，相互之间空间大，彼此互不联系，就发生零交互作用，此时，劳动效益为1+1=2。①

---

① 冯宁昌、朱桂芳. 论系统的质量互变 [J]. 太原：科学技术与辩证法，1994（1）.

就序链对序元的支持功能而言，序链整体功能的实现，可以充分显现个体序元的作用和价值，换句话说，序链可以让序元在其保护的范围内充分展现其潜在的作用和价值。在一些特殊情况下，序元如果不获得序链的这种支持，缺少或脱离了序链的整体性的话，反而还会变成废品，失去其存在的价值。

其四，序律与序元、序链及序的功能关系。就序律对序元有规范功能而言，序律是一种规则，规则是一种约束，约束就是一种强制联系。"自由、民主"的序元，正是由于受到序律的规范而强制联系在一起才构成了序链。序律对序元的规范作用是多方面的。相同的序元，由于受到不同序律的约束，可能会构成不同的序链，比如 6 个氢原子、1 个氧原子与 2 个碳原子，既可以形成乙醇分子（CH_3CH_2OH）序链，又可以形成甲醚（CH_3OCH_3）分子序链。尽管构成乙醇和甲醚的原子是相同的，但两者在整体性质上的差异却很大。乙醇的沸点为 78.3℃，极易溶于水，具有杀菌消毒或作燃料的功能；而甲醚的沸点却低得很，为 −25℃，不溶于水，可用作溶剂、萃取剂、制冷剂等。又如，对于任意的两个数字"2"和"3"，当我们用不同的序律（规则）去制约它们，就会有不同的序链产生——"$2+3$""$2-3$""2×3""$2\div3$""2^3""$\sqrt[2]{3}$""$\sin3/2$""$\log2/3$"，等等。再如，孙膑赛马，马（序元）未变，马序（以下等马比国王的上等马，以上等马比国王的中等马，以中等马比国王的下等马）改变，结果（功能）就大不一样，由三比三败变成了三比一败而两胜。由于序律的约束，序元在加入序链后，受序链的整合作用而往往会出现质量自损的情况。在被约束的情况下，序元自身的自由度就必然较小，反之，则自由度较大。作为一种约束，序律必须要排除序元的外界干扰，而维持其序链自身的准稳定态存在的特性，否则，序链就不能稳定和存在。序元为此所付出的代价是"质量自损"（或称为个性丧失）。例如，通过核聚变反应所形成的氦原子核，其总重量为 4.001505 原子质量单位就小于组成它的 2 个质子和 2 个中子单独存在的质量之和，即 4.031882 原子质量单位，两者之差为 0.030377 原子质量单位。这是由于质子和中子在形成氦核时，在聚变反应过程中发生质量亏损所造成的。① 一部分质量之所以要转化成能量形式而损失掉，就是因为氢核序链为了保持一定的整体稳定性而对序元所作出的约束。也正是因为有序律的约束，使得序元之间的自由度减小，从而才使由不同的和自由的序元所构成的序链得以呈现出某种确定性。我们知道，事物具有了确定性也就具有了一定的可测性，而所谓可测性，不外乎就是，人们能够按照事物序的规律，对事物存在的结构及其发展变化所作的认识。天文学史上关于海王星和冥王星预测的精彩例子，就充分说明了这一点。

就序律与序链的功能关系而言，序律决定着序链的功能。这表现在两个方面：一方面，序元相同，序律不同，序链的功能不同。功能是序链的属性。序律决定着序链的组成方式，因而也就决定了序链的功能状况。如上文所说到的乙醇和甲醚，孙膑赛马等例子，都是此类原理的例证；另一方面，序元不同，序律相似，序链的功能亦可相近。如氟、氯、溴、碘、砹等，虽然其原子序数分别为 9、17、35、53、85，但其外层电子均为 7 个，其性质也就相近。再如，木质齿轮结构的指南车与电磁结构的指南针，虽然两者在构成要素上差异很大，但在性质上却是十分相近的。此即所谓的"同构异功现象"和"同功异构现象"。②

此外，序律对序链还有稳定的功能。由于序律是根本，因此，只要序律未变，即便序元发生变化，序链的功能仍有可能不受影响。如一个国家、一个企业，从普通成员到领导要员都时有更换，如果体制不变，则该国家或企业仍能如旧运转。

总之，序元、序链和序律之间是一种辩证的立体关系。序元可以是多角色的，也就是说一个序元可以参加到不同的序链之中，发挥着不同角色的作用；由于事物是复杂的，因而，在结构上，可以把每个事物乃至整个世界理解为由层次不同的序链所构成的序群的结合体。宏观序链中的序元可能是低

---

① 张道明. 论整合性原理 [J]. 科学技术与辩证法，1994（1）.
② 李秀林，王于，李淮春. 辩证唯物主义和历史唯物主义原理（第四版）[M]. 北京：中国人民大学出版社，1995：231.

层次的序链；不同层次的序链，在序群中发挥着不同的作用。即便是序群，也有层次和作用范围等区别的。

四、序的元哲学①考察

恩格斯曾经说过："当我们深思熟虑地考察自然界或人类历史或我们自己的精神活动的时候，呈现在我们跟前的，是一幅由种种联系和相互作用无穷无尽地交织起来的画面。"② 从结构上说，由种种联系和相互作用无穷无尽地交织起来的画面，其实就是事物之序的辩证图景。那么，事物为什么会形成这种序的辩证图景呢？

我们知道，任何事物都包含着矛盾，而一切矛盾又都包含着矛盾的普遍性和特殊性两个方面。矛盾的普遍性是"事物运动发展的普遍的原因或普遍的根据"③。矛盾的特殊性是矛盾的个性和相对性。在矛盾的普遍性和特殊性之间，首先存在着包含和制约的关系。正是这种关系，决定了序元、序链和序律之间的构成和规范的关系。一方面，矛盾的特殊性包含着矛盾普遍性，特殊性把不同的矛盾区别开来，使矛盾呈现出多样性——具体事物内部诸要素一个个相对独立；普遍性又把不同矛盾各方联系起来，使多样性的矛盾呈现出某种共同性。普遍性使一个个独立的要素受到约束而使其整体结构得以生成，即形成序链。对于较为复杂的矛盾体系而言，它的特殊性包含的并不只是一种普遍性，而是包含着多方面、多层次的普遍性。因此，同一要素，可能是多角色的，它可以参加到不同的事物结构之中，这就使事物之间形成了错综复杂的立体交织关系；另一方面，由于矛盾的普遍性又制约着特殊性，因此，系统结构又要求每一个要素相对稳定。矛盾的普遍性和特殊性之间的这种包含和制约关系，使事物内部诸要素之间、事物与事物之间构成

---

① 所谓元哲学是相对于对象哲学而言的，对象哲学是针对具体对象而开展的哲学思考，诸如物理哲学或自然哲学，数学哲学、生命哲学等，元哲学则是关于自然界、人类社会和思维的最一般、最普遍意义的世界观和方法论的理论。

② 马克思，恩格斯．马克思恩格斯选集（第3卷）［M］．北京：人民出版社，1995：359.

③ 毛泽东．毛泽东选集（1卷本）˜［M］．北京：人民出版社，1967：284.

了最为基础的、相对稳定的结构关系。其次，存在着产生与被产生的关系。特殊性矛盾是在普遍性矛盾运动过程中的产物，是普遍性矛盾发展不同阶段的表现形式。一方面，在普遍性矛盾自身运动过程中，不断产生各种特殊矛盾；各种特殊矛盾又不断把普遍性矛盾传承下来，并包含在自身之中，使矛盾种类不断分化、不断增多。另一方面，各种特殊性之间又彼此相互联结，构成新的矛盾体系，使矛盾体系不断复化，越来越复杂。矛盾普遍性和特殊性之间的不断产生和被产生，不断分化和复分，使事物的结构不断进行着新陈代谢，旧结构解体，新结构产生，始终处于一种变化发展的状态之中。

　　"自然界的普遍性的形式就是规律"①，由矛盾的普遍性和特殊性衍生出事物结构的存在方式，就呈现出这样的规律性：从整个世界到世界的各个组成部分，从世界的各个组成部分到其中的每个事物，从每个事物到其内部的各个要素，都有其自身的结构。其中，任何一个结构，既是由若干更小结构组成的，又是更大结构的组成部分。各个结构之间，既有相互区别的特殊性，又有彼此一致的共同性；大结构（母结构）为小结构（子结构）提供了存在和发展的相对稳定的基础，小结构在大结构中存在和发展的同时，又不断地冲击大结构，力图代替大结构。从小结构到大结构，其稳定性趋强，因而，事物的总体性质和功能保持相对稳定，各种事物万变不离其宗；反之，从大结构到小结构，其变动性趋强。在微观世界，有的基本粒子之间的关系瞬息即变。整个世界就是由这些既层层包含、相对稳定，又层层制约、不断变化的无数"结构"所构成的庞大的结构群。在这个"结构群"中，小结构是大结构的"要素"，大结构又是更大结构的要素。小结构以不同的要素角色，同时加入其他大结构中，使结构群形成了"一幅由种种联系和相互作用无穷无尽地交织起来的画面"。在我们看来，一种序就体现着事物的一种结构形式，因此"由种种联系和相互作用无穷无尽地交织起来的画面"，其实也就是无数的序链交织在一起的画面。

　　相对于宇宙来说，人类的历史是十分短暂的，人类对充满奥秘的自然的

---

　　①　马克思，恩格斯．马克思恩格斯选集（第 3 卷）［M］．北京：人民出版社，1972：
　　554.

认识也是十分有限的，面对"无穷无尽地交织在一起"的序链及其背后的规律，人类还有巨大的未知空间需要探索。仅就物质而言，科学家们就已有断言，"宇宙中还有占95%以上的暗物质"未被人类发现。① 2017 年"悟空"卫星对暗物质迹象的发现，进一步证实了这个早已确定的论断。正如德国数学家和哲学家莱布尼滋（Leibniz，G. W.）所认为的那样：只要事物的情况或事物情况的组合推不出矛盾，该事物情况或事物情况的组合就是可能的，而可能的事物情况及其组合就构成了可能世界——"世界是可能的事物组合，现实世界就是由所有存在的可能事物所形成的组合（一个最丰富的组合）。可能事物有不同的组合，有的组合比别的组合更加完美。因此，有许多的可能世界，每一由可能事物所形成的组合就是一个可能世界"②。可能世界有无穷多个，而现实世界也是一种可能世界，即实现了的那个最完美的世界。人类所认识到的世界，其实只是"种种联系和相互作用无穷无尽地交织起来的画面"中的某一个或某一些画面而已③。

从亚里士多德（Aristotle）时代人们认为重物先落地，力是速度的原因，到近代初期伽利略（Galilei，G.）、牛顿创立经典力学，再到相对论和量子力学的创立；从门捷列夫（Менделеев，Д. Й）分析大量有关化学元素材料，揭示元素性质随原子量递增而发生周期性变化的规律，到人们进一步研究原子结构之后，认识到质子、中子数以及原子核与核外电子的相互作用决定元素的化学性质，等等，人类成功的认识史和科学研究史，无不是在践行序律理论，更在为序律理论提供确凿的实证！

---

① 何祚庥. 宇宙中还有占95%以上的暗物质［J］. 自然辩证法研究，1994（11）.
② C. I. Gerhardt（ed）: Die Philosophischen Schriften Von Gottfried Wilhem Leibniz，N，P. 593.
③ 王习胜. 序律论［J］. 长白学刊，1998 增刊；王习胜. 对"要素－结构－功能"的立体化拓展［J］. 学术研究，2000（5）.

本章小结

我们以为，如果将思维与其创造对象之间的关系，仅作思维与自然之间的关系框定，那么，主观思维所作的创造能否为客观自然所接纳，则主要取决于客观自然而不取决于思维。我们知道，自然就是"自然"，它是不会有情绪偏好与态度倾向的，因此，客观自然能否接纳思维的创造，要看思维所创造的那种结构（序）在自然中是否有其同构性，或者能否存在。如果自然中有其同构性，或者允其存在，即便因条件问题思维的创造一时不能实现，那么，它也会以博大的胸怀来接纳思维的创造，而且，只要它接纳了，也就同时赋予了思维的这种创造被现实地物化的可能，至于何时变为现实，那只是时间的早迟问题。那么，我们如何才能知道自然是否能够接纳我们的创造呢？这就要看我们的创造与自然的存在方式是否具有同构性，而欲知道思维的创造与自然的存在方式是否具有同构性，就必须要知道客观自然自身究竟是以什么方式存在着的。所以，在这一章里，我们不遗余力地从宇宙的原始追溯，进而缕析事物的存在状态——混沌、无序和有序，目的就是要对这一问题作出尝试性的回答。当然，由于人类认识水平所限，人类对宇宙原始和事物存在的状态问题还有着许多困惑。

一、宇宙原始探索的真理性

由于是在宇宙创生之后，而且人类又是在宇宙之中来探索宇宙的原始，因而，人类在开始这种探索的时候，就已经不具有从宇宙创生之前、在宇宙之外去鸟瞰和把握宇宙原始的优势。由于这样的局限，人类只能从现实的感知中去推知过去。由于是逆推，是（P→Q）∧（Q→P）的逻辑形式，因此，其结论就不可避免地带有很大的或然性。直接地说，就是谬误性。

造成宇宙原始探索极大谬误性的原因，很可能是对宇宙原始追问的自身所固有。它有些类似于史蒂芬·霍金在其《时间简史》的开篇中所讲过的那个故事：据说贝特朗·罗素（Russell，B.）在讲完地球是如何绕太阳运动，太阳如何绕银河系中心转动后，有一位老妇人站起来说："你说的这些全都是废话，这个世界实际上是驮在一只大乌龟背上的一块平板。"罗素问道："那这只乌龟是站在什么上面呢？""你很聪明！年轻人"，老妇人说，"不过，这是一只驮着一只一直驮下去的乌龟群啊！"① 那么，人类对宇宙原始的追问，是不是在追问"乌龟群"之下有没有东西，有什么东西呢？甚至于这个"乌龟群"又是从哪儿来的？它的本质是什么？这几乎是一些不可追问的问题。换句话说，人类追问"宇宙的原始是什么"，这个问题是否是个"伪问题"？

但人类社会已经取得的辉煌成就——从宇航飞船、卫星遥感到生命克隆、基因重组，等等，已经部分证明，人类可以从现实的感知中去认识世界的过去和未来，也可以从事物的表象中去把握事物的内在本质和规律。所谓本质不在现象之外，也不在现象之后，本质就在现象之中。人类就是生活在宇宙的现象之中。人类对宇宙原始的追问亦应如此。尽管是逆推，是"盲人摸象"，但人类已有将片面的、零散的认识整合起来、综合起来的能力和经验，因此对宇宙原始的探索尽管十分艰难，但其中已有了不少真理成分。因此，在此基础上建立的创造哲学本体论虽然不一定就是真理，但也绝不会完全是谬误。

二、人类为什么对有序情有独钟

混沌、无序和有序都是事物存在的形态，本身并无好坏优劣之分。要说好坏优劣，或许有时情况还相反。一个极易理解的例子：从脑电波来看，一个智力活动正常的人的脑电波，就不是有序的，而是混乱的。相反，当人进入了深睡状态或一个癫痫病人在发病时，脑电波却显示出明显的规律性和周期性。那么，人们为什么还特别关注事物的有序状态呢？

我们认为，人们之所以特别关注事物的有序状态，可能是出于这样的原因：有序与规律性、因果性、必然性有着密切的联系，事物的运动变化处于

---

① 陈兵．人类创造思维的奥秘：创造哲学概论［M］武汉：武汉大学出版社，1999：213.

有序状态，便是一种有规律的状态，故而显示出某种确定性与可测性，人们就能够比较容易地考察其因果联系。人类认识世界的目的，终究是为了改造世界。改造世界，首先必须把握世界的规律。不了解世界的规律而进行的盲目改造，人类已为之付出过惨痛的代价。因此，把握了事物之序，也就近乎把握了事物的因果联系，进而掌握了事物之运动和发展的内在规律。反之，对无序的结构和无序的变化系统，人们则难以把握其具体的因果链条，也就难以寻求到其中的规律。所以，"当人类理解周围世界时，就具有了寻找序的本能欲望"①。

从人类认识发生史角度去考察，我们不难发现，人类"这种发现序存在的欲望也许产生于原始人为了生存，在自然环境中建立因果联系的需求。像其他自我保护的方法一样，这种持续的需要，也一定根源于认识的本性，为的是从能预言和支配的外部事件的可靠性中获得安慰。这一过程的踪迹可以在一些原始神话中找到。如不断重复的宗教仪式，固定的图腾参照点，季节性的部落聚会等，所有这些社会现象，都可以被看作是一种体验时间或空间序存在的欲求，这是一种用符号的形式表示的序。来自神话世界的宗教思维已经逐渐吸收和改变了这种原始的本能，提出了超然的存在作为所谓短暂而又混乱时间的一个永恒的参照点，这样，宇宙序的思想产生了"②。而人类发展的所有科学，无不是为了建立一种把握"序"的方式——"自文明开始，数学就集中于度量的概念，它表示有可能用数学的抽象形式描述客体的性质，如它的重量。这样，数的科学通过确定一些元素，并使之与其他元素区分开来，从而呈现可以成为客观知识的基础。但是，当引入数的概念时，这也就暗示着元素之间的序列，用以表示一组客体度量的数值之间，所自发出现的序列联系，直接提出了按照这些数的前进顺序把课题有序化的思

---

① ［意］G. 卡雷里. 科学中的序的思想［J］. 乐爱国译. 北京：自然科学哲学问题，1987（3）.
② ［意］G. 卡雷里. 科学中的序的思想［J］. 乐爱国译. 北京：自然科学哲学问题，1987（3）.

想"①。而其他的学科，诸如物理学、生物学、法学、逻辑学等，莫不如此。

由此，我们认为，人类认识世界的活动，从一定意义上说，就是在探索和寻找事物存在之序的活动。这样，我们对 20 世纪 60 年代以前的一种现象也就毫不为奇了：人们对物质的有序结构的研究虽然取得了许多辉煌的成果，但对无序系统和无序结构，哪怕是提出最粗浅的问题，像高聚物的无序聚积态、橡胶、玻璃的无序结构等，科学家们都无法给予带有科学分析精神的回答，而是仅靠经验方法加以描述。之所以出现这种现象，是因为探索有序是逻辑与历史的一致，而探求无序却是逻辑与历史的背离。所以，当美国学者安德森（Anderson，P. W.）② 自觉地进行无序问题的研究时，便取得了惊人的成果。

三、我们对自在自然存在方式的看法

浓缩人类对自然存在方式的认识精华，大致可以表述为：世界是物质的，物质的世界演化于混沌。宏观的混沌（动态的无规则状态）通过演化而呈现出有序。有序是有层次的，因而是相对的。有序包含着静（平衡）、动（非平衡）两种状态。事物的变化发展、新陈代谢，使事物的每一种有序都有产生、发展和灭亡的过程。有序退化便进入新的混沌，但这时的混沌是宏观有序下的中观或微观无序的混沌，不同于宇宙创生时的宏观无序的混沌。新的混沌通过演化，又会产生新的有序……，自然界在混沌到有序、有序到新的混沌、再到新的有序中的进程不断发展。混沌、有序和无序，是事物存在的全部状态。

我们对自然存在方式的看法可以大致表述为：

其一，世界是有序的，事物的发展变化都是有规律的。因为任何事物都是以一定的结构形式存在的，结构本身就是有序化的体现；再者，任何事物的发展变化都有其自身的规律，而规律的存在，正是有序化存在的基础。准

---

① ［意］G. 卡雷里. 科学中的序的思想［J］. 乐爱国译. 北京：自然科学哲学问题，1987（3）.

② 安德森不仅因此而奠定了无序晶态理论的基础，还获得了 1977 年的诺贝尔奖。

此，我们认为，不存在杂乱无章的无序，"无序"只是一种有序向另一种有序的转化。正如我们在"序的图景"中所阐述的那样，世界就是由无数的序链交织起来的、相互联系和作用着的无穷无尽的序群。

其二，之所以有有序、混沌和无序之分，是以人的认识为标准所作的划分。因为"人类对有序情有独钟"，在其意识中设置了"序"的程序。在认识中，合乎其认知程序的，我们便认为是有序的，反之，就认为它是无序、混沌的，而自然界本身并不着意去表现自己的"有序""混沌"或"无序"，而是按其自己的规律发展变化。科学研究已经证明，"在非生命的物理－化学体系中，自发形成的时空有序结构这一现象本身是与人们的直观想象相违背的"①。那么，"无序"的想象是否也与自然本身的存在状态相违背呢？再者，元哲学将自然区分为"第一自然"和"第二自然"。所谓"第二自然"，其实就是人化的自然。完全没有被人所"化"的自然，即是所谓的"第一自然"。从认识论角度看，由于人完全没有涉足的"自然"，这样的"第一自然"对人来说，便等同于"无"。试想，相对于人来说是"无"的"第一自然"，是否会因为没有人的涉足而不进行"有序"的发展变化呢？显然不会。人类已经能够对自然界进行如此巨大改造，并取得了如此辉煌的成果，这都足以表明，自然是可以认识的，是有规律（有序）可循的。

其三，如何理解以人类的认识为标准所划分出来的"无序"和"混沌"现象。我们认为，人们所谓的无序或混沌，只不过是我们的认识尚未能够揭示其中的"有序"罢了。随着人类认识水平和手段的不断提高，过去那些被认为是无序的领域不正在一步步地向"有序"转化吗？！如果大家能够承认世界是可以认识的，那么，现在的无序和混沌就是我们未知的、有待于我们进一步开拓的新领域。认识之所以是无限的，其"无限性"正是体现在对"无序"和"混沌"的探索之中，也就是在尚未揭示其"有序"的广阔领域中。

其四，对科学发现和科学发明的新解释。若能同意上述，我们就可以这样去理解科学发明和发现：所谓科学发现就是对事物已有之序（序链或序

---

① 李如生. 有序和无序的奥秘［M］. 北京：人民出版社，1984：60.

律）的发现或揭示；所谓科学发明就是在遵循序律的前提下对事物进行的改序、组序（建序、构序）活动。

　　总之，人类认识世界的活动就是识"序"和解"序"的活动，而改造世界的活动就是改"序"或构"序"的活动。面对广袤的宇宙、纷繁的世界，人类只不过是襁褓中的婴儿——还有着很多很多未知的东西需要认识、需要揭示、需要创造。

　　由于科学发现和科学发明的作用，人们不仅仅认识到外部世界和它的规律性，而且也逐渐认识到自己的内部世界——思维过程本身。而更加充分地认识外部世界，更为充分地揭示思维的自我意识和自我认识的奥秘，已经而且必将继续成为人类必然而且必要的科学研究活动。

第二章

自由的思维如何运演

科学创造是以人的思维破译客观事物已经存在或可能存在之"序"的密码，那么思维本身是否是有序的，或是否遵循某种"序"的？这就要看思维是如何运演的。由于规律和规则是序的存在方式，所以，我们以是否需要遵守某种规律或规则为标准来看思维，思维有逻辑思维和非逻辑思维之分。尽管何谓逻辑思维或非逻辑思维，学界尚无统一的界定，但仅就"逻辑思维是必须要遵守一系列的规律和规则的思维"这一点而言，学界是有共识的。那么，仅这一点而论，逻辑思维并不是一种真正"自由"的思维。相反，那种不受任何语法或逻辑规律及规则约束的非逻辑思维，倒是随"心"所欲——自由得多了。

从认知心理学的信息加工侧面来看思维，思维又有内隐认知（implicit cognition）和外显认知（explicit cognition）两条相对独立的认知信息加工渠道之分。所谓内隐认知是相对于外显认知而言的。外显认知即对思维信息的加工是一种缓慢的串行传入过程，它是能够用语言明确表达的、在意识控制下的、需要付出心理努力的认知过程；而内隐认知即对思维信息的加工是快速的并行传入过程，它是不能用语言明确表达的，即所谓"只可意会，不可言传"、也不受认知主体意识控制，并且不需要付出多少心理努力的认知活动。① 相对于外显认知，内隐认知在思维信息加工中具有更大的自由空间。

本章所论的自由思维，主要是指那种不受语法或逻辑规律、规则的严格

---

① 刘景钊. 内隐认知与意会知识的深层机制［J］. 自然辩证法研究，1999（6）.

约束，也不需用抽象的语言、符号为操作材料，而是用非言语的、形象化的意象等为操作材料，进行并行传入和加工的非逻辑的或谓内隐认知的思维。

第一节　对思维运演的不同方法的研究

任何事物都是以一定的结构（序链）方式存在，而任何结构又蕴涵着一定的功能。因此，人们在解决问题或是对未知事物进行认识时，大体就从事物的结构和功能两个方面着手，相应地也就形成了两种研究和认识问题与事物的方法，即"内描述方法"和"外描述方法"。所谓内描述方法又称为结构的方法；所谓外描述方法也就是功能的方法或"黑箱方法"①。

从认识论的角度来看，自然科学和社会科学是以对自然和社会的客体结构的研究为对象的，通过对事物结构的把握，而达到对事物本质的认识。但结构的方法有它的缺陷，那就是必须弄清事物的结构，才能运用结构的方法。对于复杂的系统，对于人类因技术的局限还不能深入到内部系统或者还不能打开系统，结构的方法就显得无能为力了。此时，功能的方法便可以弥补结构方法之不足。功能的方法就是从功能发挥的过程来认识事物的方法。功能作为事物所具有的能力，必须通过与周围事物或环境相互作用表现出来。作为事物相互作用的表现，功能体现着事物与外部环境之间的物质、能量、信息的输入和输出的一种转换关系。从功能角度把握事物，就可以把事物内部的结构、质、要素等复杂的关系放在一边，而把认识的重心放在事物与其他事物的相互作用上。从终究的意义上说，由于任何系统都是开放系统，任何事物也总是在一定的环境中才能存在，所以，功能的方法有其极大的施展空间。

如果说结构方法的重点是研究"是什么"的问题，那么功能方法研究的重点就是"能干什么或不能干什么"的问题。在人类的认识史上，这两种方法互为表里，相得益彰。人们正是用这两种方法，解开了一个又一个难解与

---

① 所谓"黑箱方法"，就是指不打开或不损害事物的内在结构，仅从输入－输出的整体转换功能角度来把握事物的方法。

未知之谜，从而不断地认识世界，进而改造世界。对思维之谜来说，亦是如此。尽管这个谜的底还没有被完全揭开。那么，人们究竟是如何使用这两种方法来揭示思维之谜的呢？这里我们将从实证的而不是思辨的角度，对不同学科关于思维本质的探讨情况作简要的、概括性的鸟瞰。

一、功能方法的研究

从功能的角度研究思维的奥秘，人们所使用的方法主要是内省法、口语记录分析法以及眼动记录分析法。后两种方法是现代信息加工心理学所常用的方法。

内省法是 19 世纪末 20 世纪初 W. 冯特（Wundt，W.）提出来的。所谓内省法就是给被试一个明确的指示，让他报告自己头脑中的活动、形象或心理状态。

众所周知，真正的科学研究必须建立在如下两个前提之上：一是材料必须是客观的，即不依观察者的主观意志或观念观点为转移；二是所得的结果是可以重复的，即在不同的实验室里所得的结果应该是一致的。概括地说，这两个前提就是客观性和可重复性。由于在不同的实验室里用内省法得出的结果有时是不一样的，而且不同的被试还可能给出不同的报告，同时也没有核对报告是否正确的可靠方法，所以，内省法常被认为是非科学的方法。

随着信息加工理论的建立和发展，口语记录①的方法逐渐被学界所认同。

---

① 如下是解决物理问题的口语记录示例。题目：现有氮气流过一条等截面管道。氮气流入管道时的温度为华氏 40 度，压强为 200 磅/平方英寸。流出管道时压强为一个大气压，温度为华氏 −210 度。假设流量为 100 磅/分，问：在这个过程中，氮气向外散发了多少热量？解题者思维的口语记录——

    1. 好，我得先定出一个系统来。

    2. 呶，管道就可以作为一个系统。

    3. 那么，我就把它画出来。

    4. 在上面写上第一定律。

    5. Q 加 Ws 等于 m 乘上 h_2 与 h_1 之差。

    6. 在这里我是忽略了动能和势能的变化。

    7. 我想这样忽略一下倒还是挺不赖的。

    8. 好吧，问题问的是氮气向外散发了多少热量。

    9. 那就是这儿的 Q 项了。

    10. 既然这里仅是一条管道，那也就无所谓什么轴输出功。

口语记录是指被试在实验时，对自己思维活动进程所作叙述的记录，或在实验之后，他对主试的提问所作回答的记录。

---

11. 这样 Ws 就等于零。

12. 那么，Q 就等于 m 乘上 h_2 减 h_1。

13. 现在，我知道 m 为 100 磅/分。

14. 至于 h_2 减 h_1 么，

15. 要求出这个值，我得找出氮气的一些物理性质。

16. 那就查一查吧。

17. 噢，找到了，在这儿呢。

19. 好，m 是 100 磅/分。

19. h_2，2 是流出的一端。

20. h_2 就是一个大气压下，温度为华氏 –210 度时的热函了。

21. 好，我查一查。

22. –210 度，对，这是兰金温标的度数，–210 度，啊…

23. 对，是兰金温标的 250 度，是 T_2。

24. 刚才查 T_2 时，我就注意到了 T_1 是 500。

25. 行，那就是 14.7 磅力/立方英寸。

26. 而温度为兰金温标的 250 度。

27. 查表得 h 为 126.443 个英制热单位/磅质量，这是 h_2。

29. 关于 h_1，它的条件是 200 磅/平方英寸的压强和 500 兰金度数的温度。

29. 我来查一查它的值。

30. h_1 为 197.409 个英制热单位/磅质量。

31. 好，下面就该计算了。

32. 对，应消去磅质量这个单位。

33. 因为最后答案的单位应为英制热单位/分。

34. 这才是我要求的呢!

35. 现在开始计算。

36. 126.443 – 197.409

37. 再乘上 100，得 –6096.5。

39. 这个负号是本来就应有的。

39. 因为它表示热量是向系统外散发。

40. 好了，做完了。

（［美］司马贺. 人类的认知［M］. 荆其诚，张厚粲，译，北京：科学出版社，1986：99 – 100.）

类似的口语报告研究还可以参见［德］韦特海默. 创造性思维［M］. 林宗基译，北京：教育科学出版社，1987：43. 其实，韦特海默在其《创造性思维》中，对爱因斯坦和伽利略的创造性思维的研究所用的访问方式，也可以看作是一种口语分析的研究方法。

依据记录的时间来划分，口语记录有即时与追述两种类型。即时口语记录是指被试在完成任务过程中当时就用言语表达出来的记录；追述记录是在完成任务后，被试对自己解决问题时的内心活动作出的描述。依据是否有方向指示来划分，口语记录又存在有结构和无结构记录之分。给被试指示一个方向，让他口述这方面的心理活动，然后加以记录，叫有结构的口语记录。有结构的口语记录可以是即时的，也可以是追述的。无结构的口语记录是事先不给被试任何指示或要求，让他自主地描述自己的心理活动。认知心理学所搜集的口语记录主要是即时的、无结构的。即时与追述的口语记录有其不同的用途。

就即时口语记录而言，主试给被试一定的指导语，如"现在要你完成一项工作，在从事这项工作时，你要大声说出自己头脑里所进行的一切心理活动，而不要报告你进行每一步活动的原因"，即要求被试报告他在工作中所能注意到的事情。如果被试的口述中途停顿，主试应该提示他继续说下去。主试只能说非常一般的指导语，而不能给他规定说什么，或提示他用什么方式说出来。即时口语记录的用途是可以检查被试工作时短时记忆①里的内容。

在追述报告中，被试并不是从短时记忆而是从长时记忆中提取信息进行

---

① 短时记忆：按记忆时间的长短，心理学家将记忆分为感觉记忆、短时记忆和长时记忆，当然，这是一种分法，也还有其他不同的分法。所谓感觉记忆，也叫感觉登记或瞬时记忆，是指外界刺激以极短的时间一次呈现后，一定数量的信息在感觉通道内迅速被登记并被保留一瞬间的记忆。进入感觉器官的信息，完全按输入的原样，首先被登记在感觉记忆中；所谓短时记忆又称操作记忆或工作记忆，是指信息一次呈现后，保持时间在 1 分钟之内的记忆。它与感觉记忆的差别在于，感觉记忆中的信息是不被意识并且也未被加工，而短时记忆是操作性的、是正在工作的、活动着的记忆。人们之所以会短时记忆某事物，就是为了对该事物进行某种操作，操作之后即行遗忘。所以，有人把短时记忆比作电话号码式记忆，意思是说，人们为了打电话，先查找号码，查到后即刻拨号，通完了话，号码也就随即忘掉，号码在短时记忆中就保持这样短的时间。此外，短时记忆的容量也有限，美国心理学家 G. 米勒（Muller, G. E.）发现，人们的短时记忆容量只有 7 +/－2 个组块（G. 米勒在1956 年发表了一篇著名的论文，标题就是"魔数 7 +/－2"）。如果有长期保持的必要，就必须在这一系统内进行加工编码，然后才能被储存在长时记忆中。所谓长时记忆，是指学习的材料，经过复习或精细复述之后，在头脑中长久地保持的记忆。长时记忆才是一个真正的信息库——它的容量无限而且保留的时间也在 1 分钟以上，有的甚至是数年乃至终身。

报告，因为追述中短时记忆的东西早已消失。追述口语记录的用途是：如果各种条件都很明确，就可以大概估计出被试有多少经过学习的东西已经存入长时记忆。当然，在追述的内容中，除被记住的东西外，被试也有可能会补充一些东西，做一些推论。

认知心理学家们认为，通过对口语报告的分析，可以了解被试解决问题时所运用的策略，换句话说，就是被试解决问题的思维过程。研究发现，被试的策略运用大致有四个阶段：第一阶段，盲目地尝试，被试没有一个成型的策略；第二阶段，找到一个成功的策略，顺利地解决了一个步骤；第三阶段，遇到新问题时仍然使用原先的策略，但因情况发生变化，原先的策略不能再奏效；第四阶段，改变策略来解决新问题，从而取得成功。专家分析还发现，被试解决问题时所做的口述，一些看来似乎是偶然的、不连贯的话也有意义，它们反映了被试思维过程的逻辑关系。①

二、结构方法的研究

从结构的角度研究思维，人们主要是通过对思维的机器——大脑——的结构和功能的分析来进行。最初，人们始终认为"想"的机器是"心脏"，所以有"心想事成"之说。从"心想"到"脑想"观念的转变，是现代科学对脑结构和功能揭示的结果。

现代科学已经能够比较准确一致地描绘人脑的基本构成及其基本活动规律，展现脑结构的全方位图景：人脑系统的基本构成为神经细胞或神经元。重约1350克的现代人脑，由10^{10}至10^{11}个（正负10倍，约为1000亿）神经元和数目更多的神经胶质细胞组成。1000亿的数量大致相当于银河系的星星数。尽管每个神经元的形态各不相同，但却有大致相同的结构特征，一个典型的神经元有一个直径5-100微米的细胞体，以及由细胞体发出的神经纤维（即轴突）和一些纤维的分枝丛（即树突）组成。轴突一般也有分枝。通常情况下，树突和胞体接收输入信号；胞体联络和整合输入信号，并发出传出

---

① ［美］司马贺．人类的认知［M］．荆其诚，张厚粲译，北京：科学出版社，1986：76-100．

信号；轴突则传输胞体发来的传出信号至轴突末梢，轴突末梢分枝则将此信号分别输送给其他神经元。

大量研究表明，神经元之间有高度的有序性和特异性，并相互联系，其传递信号的方式是双重的，即电的和化学的。一个神经元内部，沿轴突传输的是电脉冲；而神经元与神经元之间的信号传递则是通过它们细胞膜上特殊的微小结构——突触——以化学的方式实现的。通常，一个神经元有多达几百个甚至几千个突触。换言之，一个神经元一般可接收几百个甚至几千个神经元传来的信息，同时也把信息传递给另外几百个甚至几千个神经元。现已知道，除了比例很小的电突触外，神经元之间的信息传递大都是经由化学突触而实现的。当神经冲动（又称动作电位）到达突触前膜时，神经元便将神经递质——即神经元胞浆中突触小泡内的神经化学活性物质，经胞吐作用释放到突触间隙中去。神经递质很快穿过突触间隙扩散到第二个神经元的突触后膜，并与膜上相应的受体结合，从而使第二个神经元兴奋或抑制。在过去相当长的一段时间内，人们只知道一种快速的化学突触传递机制，即突触后膜上的受体蛋白质分子本身是离子通道，它与神经递质的结合引起受体通道蛋白质分子构象的改变，导致通道开放。如果导致钠通道和钙通道开放，就产生突触后膜电位的去极化，即兴奋性突触后电位；如果导致钾通道和氯通道开放，则产生突触后膜的超极化，即抑制性突触后电位。这种快速传递过程均在 1 毫秒内可完成，保证了脑活动中快速信息处理的需要。现已知道，脑内神经递质种类多达几十种。瑞典科学家卡尔森（Carlsson，A.）发现了脑内的一种叫作多巴胺的神经递质分子①；美国科学家格林加德（Greengard，P.）通过对跨膜信号传导机制的研究发现，几乎所有的慢速突触传递过程，最终必须经过蛋白质磷酸化（或去磷酸化）而实现②；美国科学家坎德尔③（Kandel，E.）等人发现，习惯化和敏感化都是经由特殊的神

---

① 这种分子对控制人类运动、行为、语言、情绪具有重要作用。
② 现在临床上治疗帕金森症、忧郁症等神经疾患的药物开发和使用，皆得益于科学家们对慢速突触传递过程科学原理的阐明。
③ 卡尔森、格林加德、坎德尔因在神经细胞之间信号传递问题上的奠基性工作而获得 2000 年度诺贝尔生理学或医学奖。

经递质 5 - 羟色胺介导的慢速突触传递机制，在突触后产生第二信使环腺苷酸分子，并最后使蛋白质磷酸化的过程①，等等。②

人脑的全部突触数目多达约 10^{15} 数量级，而且，突触的连接形式也很复杂，一般是在一个神经元的轴突和另一神经元的树突间形成突触，但也有的是轴突与轴突间、树突与树突间，以及轴突与细胞体间形成突触。这样，神经元与神经元之间便形成了极其错综复杂的网络联接。③ 在每个突触上，携带信息的化学介质每秒几百次地被其他神经元吸收和分解。当我们思考时，这种活动就发生在几百万或几十亿个神经元上，作用于神经的药物就是作用在突触上，通过神经介质而影响我们的思维速度和模式的。④

随着对神经元，特别是对其突触联接的研究日益深入，突触在人脑高级意识活动中的重要地位，突触机制与人的复杂心理意识现象和行为之间的关系，也日益为人们所认识和重视。于是，有人提出——脑，归根结底不过是神经元之间一系列的相互联接。⑤ 而"思维"这种宏观心理事件，其实就是微观物理事件——数量庞大的分子及神经元之间的整合活动。

与创造性思维最为直接的脑问题研究，主要是集中在对左右脑功能特化的揭示上。从现有的资料来看，关于脑功能特化的发现，最早源于古希腊。早在公元前 400 年，著名的古希腊医学家希波克拉底（Hipocrules）就曾认识到奇妙的意识现象与人脑之间的因果关系。通过临床观察，特别是对许多癫痫病人的关注，他甚至了解到肢体一侧的功能障碍与大脑对侧受损有关。后来的历史发展表明，希波克拉底的经验观察和天才猜测，在对人脑高级功能的认识史上并未起到应有的作用。⑥ 这是因为，直至 18 世纪以前，研究者们一般都认为人脑是整体活动的，任一部位功能的丧失，都可以由其他部位的功能来代偿。换言之，脑的各部位并无功能的差异，理所当然地，左右脑半

---

① 现已证明，短时记忆不需要蛋白质的合成，长时记忆则与新蛋白质的合成有关。
② 寿天德. 揭示脑功能时神经化学基础［J］. 科学，2001（1）.
③ 傅世侠. 科学前沿哲学探索［M］. 沈阳：辽宁人民出版社，1983：393.
④ 邱仁宗. 当代思维研究新论［M］北京：中国社会科学出版社，1993：23.
⑤ ［美］汤普森. 生理心理学［M］. 北京：科学出版社，1981：45.
⑥ 傅世侠，罗玲玲. 科学创造方法论［M］. 北京：中国经济出版社：2000：349，350.

球的功能也就完全等同了。18世纪末至19世纪初，奥地利医生、神经解剖学家加尔（Gall，F. J. ）再提大脑功能定位的问题，即认为人脑的功能并非各部位等同，而是有分工的。可惜这一观点后来被发展成为所谓的"颅相学"，即通过测量颅型而断言推知脑型，并由此评定出一个人的心理品质和人格特征。这种荒唐的推测，使人们对大脑两半球机能分工的认识又一次步入误区。此后，随着奠定在实验基础上的中枢神经系统生理学的建立和发展，科学的大脑定位或机能分工理论才逐步得到确立。其中，具有关键性意义的环节便是左右脑功能差异的发现。

最初，研究者把问题的焦点放在能使我们说话的左脑区域。1836年，法国医生马克·戴克斯（Dax，M. ）发现，每当中风且惯用右手的患者，当其右侧身躯瘫痪时，其言语功能也就会受到某种损伤。而神经解剖学已知，左脑半球的神经通路经脑干而交叉通向身体右侧肌肉。据此，他推断脑的左半球控制着人的说话功能。1861年，另一位法国外科医生布洛卡（Broca，P. ）通过特殊的失语症的研究——对两名中风右瘫并伴有严重失语症患者的尸体解剖，发现他们的左脑额这一局部区域都有严重的病变，但右脑却完好无损。由此，人类首次揭示了语言障碍与大脑病变的关系①，从而把语言中枢定位在左半球。随着更多事例的积累，布洛卡于1885年正式宣布——我们用左脑说话，语言区在人脑的左半球。此外，英国神经病学家杰克逊（Jackson，J. H. ）也提出了大脑优势支配概念，并认为脑的左半球占优势地位。于是，左右脑半球无功能差异的看法被动摇，左半球的语言优势得以确立。由于语言总是与逻辑思维、推理分析、概念形成等高级智力活动相联系，于是，"左优右劣"的传统脑观念便也逐步形成。

与此同时，一些脑外科医生通过临床和动物实验发现，左右脑半球与肢体之间发生联系的神经通路，在皮质下的脑干部位有交叉分工，并分别能传向身体对侧以支配其运动。进而，人们又认识到，左右脑半球对身体各部位感受功能的形成也有交叉分工。比如，早在1940年，华津尼（Wagenen，W. V. ）就首次利用"裂脑"（劈脑）手术来控制癫痫发作。虽然，早期的

---

① 肖静宁. 脑科学概要［M］武汉：武汉大学出版社，1986：197.

手术不很成功，但通过后人的努力，这一医疗方法还是得到了实践较高的确证。后来，由罗杰·斯佩里（Sperry，R.）① 和他的助手对"裂脑人"又做了大量实验②，从而使持续了一个多世纪的"左优右劣"的传统观念，终被

---

① 1981 年诺贝尔生理学/医学奖的获得者，美国加州理工大学生物学教授。
② 裂脑研究包括对裂脑动物与裂脑人的研究，它是用手术方法将大脑联合部（主要是含有 2 亿根神经纤维的胼胝体）切割开，形成两个相对独立的半球，裂脑的显著效果就是中断了正常时两半球之间极其有效的、每秒高达 40 亿次的川流不息的信息传递与脑功能的整体效应，使被掩盖的功能专门化展现出来。

　　裂脑实验实例：

　　实例 1. 裂脑人能用左手摆木块，与一个画好的图样相匹配，并且还能画一个三维空间的立方体。反过来，右手从左半球失去了指令，这些任务中的任何一个任务都不能完成（M. S. 加扎尼加. 割裂的大脑. 参见 K. F. 汤普森. 生理学基础［M］北京：科学出版社，1981：40.）。搭积木，画立体图等都需要良好"视觉 - 空间"能力，这恰恰是具有语言优势的左脑所不具有的，而是右脑半球所能达到的基本功能。

　　实例 2. 研究者要求被试在注视三个不同大小的完整圆圈时，用一只手去捉摸一个不完整的有机玻璃圈。一旦被试判定哪一个圈圈的大小是与他所摸的那个不完全的圆圈相匹配的，他就指出那个被他选定的圆圈。结果表明，右脑在这类作业中具有显著的优势。5 个裂脑患者的平均分数为右脑（左手）占 61%，左脑（右手）仅占 33%。由于有三种大小的圆圈，所以，左脑所占的分数，与由纯粹所预期的是一样的。因而实验者说："右手的普遍失败，其得分在大多数情况下实质上只是刚刚超过机遇水平，这就意味着左脑半球对于这类作业基本上是无能为力的"（R. D. Nebes，Superiority of the Minor Hemisphere in Commissurotomized Man for the Perception of Part – whole Relations，Cortex，1971.）。也就是说，右脑凭其想象，能够在一个特有的水平上感知事物，因而在处理残缺资料方面，其能力大大优胜于左脑半球（刘晓明. 视觉思维的创造性研究［A］. 中国创造学论文集［C］. 上海：上海科学技术文献出版社，1999：70.）。

　　实例 3. 斯佩里发现，当把字词刺激呈现给裂脑人的右视野，视觉信息投射到左半球时，病人能正确地读出，如"钥匙"。如果"钥匙"的刺激呈现于左视野，信息投射到右半球，病人就读不出来。但是，病人能用左手从隔挡视线的屏幕后的几个物体（包括钥匙）中取出一把钥匙。这说明病人的左半球得到了字词信息，只是说不出来。当把"帽""带"（hat band）两个词分别呈现给病人的左、右视野，从而使 hat 投射到右半球，band 投射到左半球，病人不能说出 hat，而只能说出 band。这时他说出的 band 可能是"乐队"或"波段"，而不能与帽子联系，说出"帽带"。

　　裂脑研究的意义在于，它第一次科学地揭示了大脑两半球功能专门化的崭新图景，并导致了右脑功能的发现。裂脑现象被看作是理解人的不同的思维模式、认知风格、创造才能、个性人格等生理的和心理的基础。

大脑两半球功能专门化的新概念所取代。①

经脑问题研究者的不懈努力，脑半球特化的功能逐渐为人们所理解。这就是：左脑半球主要负责语言、线性和理性思维，而右脑更趋于整体性的、形象化的、情绪的和空间思维。后来，科学家们还对半脑人②以及正常人做了大量的实验，进一步确证了这些结论。③ 在脑科学研究基础上，北京大学傅世侠教授根据国内外学者的众多描述，按信息处理方式差异，将左脑和右脑的不同功能综合列表如下：

左右脑功能特化④

左脑方式	右脑方式
语言表达	空间知觉
注意细节	注意形状
抽象符号	形象识别
陈述记忆	表象识别
元素记忆	完形模拟
逐次理解	平行掌握
阅读书写	图形匹配
概念序列	体感活动
智力推论	理解隐喻
数字计算	情绪体验
结构模式	开发重组
感受节奏	感受旋律
逻辑程序	直觉顿悟

这一概括性的描述，给了我们更为清晰的左脑与右脑功能特化（思维功能）的概念：专于语言的、用话语来思维的左脑，是有意识的思维，亦即逻

---

① 肖静宁. 评右脑革命 [J]. 北京：自然辩证法研究，1995（8）.
② 因疾病或受损伤而不得不切除一侧大脑的人。
③ 罗玲玲. 创造力理论与科技创造力 [M] 沈阳：东北大学出版社，1998：86 - 88.
④ 傅世侠，罗玲玲. 科学创造方法论 [M]. 北京：中国经济出版社，2000：356.

辑性的思维，它颇擅长于一个步骤接一个步骤的逻辑程序的思维，而且，这也正是语言的基础①。由于右脑是用表象来思维的，因而，创造的灵感、直觉和顿悟以及有关潜意识等主要产生于右脑。也就是说，在识别和操作复杂的视觉模式方面，右脑具有绝对的优势。

随着科学的发展，人们对脑机理的揭示亦越来越多。例如，现代心理生物学通过对人脑与动物脑的比较研究，以及应用放射性同位素的脑血流图技术，探知到人的前脑（额叶与颞叶）是非特化的，而且比动物的大得多。由此还作出断言，人脑有大小两部分，小的那一部分是从我们的动物祖先那里继承下来的，而大的那一部分是前脑和未承担躯体感觉功能的"自由脑"。正是这前脑和"自由脑"，才发展出了人类的高级智力。②

傅世侠教授认为：当今，虽然脑科学研究者"从认知神经科学角度对左、右脑功能差异提出了一些新的见解，如认为，由于左脑具有语言的推理能力，因而它仍是执行主要认知功能，其中包括搜索和识别视觉信息等感性功能的半球。但总体来看，在大脑两半球的'单侧化'或语言功能的脑半球优势（即左、右脑以语言功能或非语言功能为主）问题上，迄今仍未见有否定性实验证据。相反，日本医学博士春山茂雄近年还提出语言的左脑乃'自身脑'、无语的右脑为'祖先脑'的观点。他认为左脑虽然具有主要的认知功能，但却只储存人自身几十年所获信息；右脑则潜藏着人类祖先通过遗传基因世代传承下来的全部信息，因而与生俱来即具有潜在而信息量却大得多的无意识功能，只是往往不为人知……"③。我们对春山茂雄的说法持支持的态度。理由是：其一，人脑高度复杂与有序的神经网络和奇妙功能，不单是自然进化和生理发育的结果，同时也是人类通过世代劳动实践和社会文化

① 当然，语言脑与左脑并不一定是绝对对应的。据对 262 名左利手（左撇子）和双手均能用的人进行的一系列韦达测验表明，大约有 70% 的人正像右利手者那样左脑半球具有语言优势。其余 30% 的人或是两个大脑半球都有语言功能，或是只有右脑半球有语言功能。参见［美］托马斯·布莱克斯利. 右脑与创造［M］. 傅世侠，夏佩玉译，北京：北京大学出版社，1992：77 - 78.

② 邱仁宗. 当代思维研究新论［M］. 北京：中国社会科学出版社，1993：22 - 23.

③ ［美］托马斯·布莱克斯利. 右脑与创造［M］. 博世侠，夏佩玉译，北京：北京大学出版社，1992（1999 年译者重印说明）：5.

对脑作用的产物，它是生理形态上的一种历史积淀；其二，如果我们承认，在一定程度上每个个体的大脑，都是人类文明积淀的产物，尽管这个"产物"不完全像莱布尼茨所说的是一块潜藏着"观念和真理"的"有条纹的大理石"，也不像康德（Kant, I.）所说的那些"先天的直观形式"和先验"知性范畴"，但我们无法否认，每一个人的大脑中都蕴涵着某种无法拒斥的"先天"文明——来自于社会积淀和承续的文化观念。正是有了这样的传承，我们每一个人才没有必要去重复整个人类所经历的认识进化史。

随着人们对脑机理及功能研究的深入，从结构角度揭示思维奥秘的可能性也在逐步增强。但是，正如恩格斯所指出的："终于有一天，我们一定可以用实验的方法把思维'归结'为脑子中的分子和化学的运动，但是难道这就把思维的本质包括无遗了吗?"① 这就是说，即便现代科学真的能够用物理或化学的方法，清楚地说明思维的物理或化学的过程，那也不完全等同于思维运动的本身。因此，在现代科学的基础上，从理论角度探讨思维运演的本质还是十分必要的。

第二节 思维的材料

思想是思维的结晶，思维不能凭空运演，"巧妇难为无米之炊"，思维的运演是需要材料的。头脑中存储的思维材料按其性质大体可分为两类：一类是关于不同事物的信息；另一类是人的愿望或观念。前者通常按收储时表征，以表象、意象或组块的形式存在。表象被存入头脑之后，随着时间的推移，受遗忘的剥蚀，某些细节越来越淡化，代表性的特点越来越突出，最后成为一种反映与主体某种关系的意识存在，以朦胧的意象形式存储在意识之中。后者是表示人的各种愿望或观念等信息，我们称之为意念。意念可以是

---

① 马克思，恩格斯. 马克思恩格斯全集（第20卷）[M]. 北京：人民出版社, 1982. 转引自徐建平. 论创造思维的本质 [J]. 陕西师范大学学报（哲社版），1999 (2).

表示某种情感、某种动作的欲望、某种心理要求的信息；意念也可能是一种观念、一种认识、一种对某种规律的把握或者是某种复杂的意识。无论是简单还是复杂的意念，作为一种意识到的存在，主体都是以整体的方式对其进行把握，可以在极短的时间内把它调出，并作为一种思维的材料（或元素），参与到思维的运演过程之中。①

尽管表象、意象或组块，以及意念都是思维运演不可或缺的材料，但从思维运演过程的先后顺序上看，两者之间还是有地位和性质的差异的。这种差异主要在于：表象、意象或组块往往是被动加工的材料，而意念往往是调动或引起思维运演然后再加入其中的材料。基于这种区别，在本节中，我们将主要分析前者，至于后者则在下一节"思维运演的描述"中才予以阐述。

一、表象、意象及组块

意象（image 或 imagery）是一个心理学概念。英文 image 在不同的上下文中还可以译成表象或映象。心理学对意象的阐释是：客观对象不在面前呈现时，主体在观念中所保持的客观对象的形象和客体形象在观念中复现的过程。简要地，我们也可以对它作这样的理解，即所谓意象或表象，就是大脑中保持的基于感官对事物的感知而形成的映象。由于这个映象是建立在先前知觉记忆的基础上，并已经成为一种心理现实，所以，不必依赖感知事物而能够再次真实地出现在我们面前，我们也能够在思维中将它再现出来。由此可见，意象其实是人的一种内心活动，它是通过抽象的主观的"意"来反映具体的客观的"象"，是"意"与"象"的对立统一。据此，我们还可以通俗地将"意象"解释为：所谓意象，就是感知对象保留在我们记忆中的表象或图像。意象有多种分法，而且在性质上也不尽相同。比如，有心理意象、内心意象、观念意象、泛化意象和至境意象等；也有按意象与知觉的密切程度将意象分为：后遗意象和逼真意象，等等。

我们知道，感知是思维之基础。基于感知而形成的表象或意象，应该是思维中最为根本的材料。人类有多种感知事物的方式和途径，诸如跟、耳、

---

① 杨惠臣. 简论灵感思维的发生机制［J］. 学习与探索，1995（4）.

鼻、舌、身及内感知等。但感知没有符号（symbol）抽象功能，它只能对事物的现象作出直观的感应，只能再现感知事物的映象。比如，当人的眼睛注视某一对象时，通过可见光和眼中晶状体的共同作用，将注视对象在视网膜上形成实像，同时也在视觉中枢形成与注视对象的形状、色泽相对应的区域之有序状态——人所注视的对象不同，形成的有序状态自然也就不同①，它直接记载着注视对象的形状和色泽的信息。德国马克斯·普朗克（Planck，M.）研究所的科学家，已经能够把脑内视皮质中神经元的活动，通过计算机复制出视觉对象的外部物象。② 再如，我们看到一朵玫瑰，闻到它、触到它、摘下它，听到花梗轻微的折断声、手被它的刺扎痛的感觉等。在短短的时间里，我们就有了视觉的、嗅觉的、触觉的、温觉的、动觉的、听觉的和痛觉的知觉过程。此时，这朵直接呈现于我们面前的玫瑰形象，也会在我们当下的感知中形成相应的玫瑰映象。

当我们的感知觉离开了被感知的事物时，那种（些）被我们直接感知的事物形象自然也就很快在我们的面前消失。但是，尽管当下事物在我们感知觉领域内消失了，却并不意味着被感知事物就永远从我们的认知领域内消失。我们每一个人都有这样的体验，比如，当我们闭上眼睛就能在想象中看见自己的妈妈，也许她并不在场，并不能为我们即时亲眼目睹，但在我们的脑海里却还是能够呈现她的鲜明形象。那个形象就代表了我们的妈妈。显然，这个形象是建立在先前我们对妈妈的感知觉记忆基础上的。由于我们以往曾有过妈妈的形象，所以，不必依赖于她当下再次真实出现，我们也能够再现她的形象。再比如，当我们闭上眼睛"想"看见天安门时，大脑中也就立刻会出现代表天安门的形象，凡此等等。这就是说，只要我们感知过某个事物，大脑中就会对这个事物形成一个外在的替代形象。显然，这个替代形象分明就是活动于我们内心中的表象。③

那个（些）来自于被感知的具体事物却又脱离于被感知的具体事物而活

---

① 万文涛. 再论人脑系的记忆机制 [J]. 江西师大学报, 1999（3）.

② 李崇富. 哲学思维的智慧 [M] 北京：清华大学出版社, 1996：130.

③ [美] 阿瑞提. 创造的秘密 [M]. 钱岗南译, 沈阳：辽宁人民出版牡, 1987：56 – 57.

动于我们内心中的表象，在非严格意义下，我们通常也称之为意象。之所以用"意象"这个颇具朦胧感的概念，是因为感知觉所感知的各种不同事物的表象，通常在初次储存时大多是以原貌的形式存在，但被存入记忆之后，随着时间的推移，因遗忘的剥蚀，某些细节越来越淡化，代表性的特点越来越突出，最后只成为一种反映着某种关系的意识而朦胧地存储于大脑之中。

粗略地看，表象与意象之间，是不同的语词表达同一概念的关系，但细究起来，二者之间其实是基础与升华的关系。相对于意象而言，表象与具体事物之间的关系更为直接，它是以感知觉的后像为基础，是对对象形态的概括、简化而形成的；而意象则是对表象再抽象、升华的结果，距离被感知的具体事物可能更远，思维的加工成分也更多。记忆中的表象不一定都能为人们所理解，当思维主体对对象的内在属性或本质有所了解时，表象就转化为意象了。故此，学界一般都习惯于将"意象"称之为"内心意象"，以区别于直接来源于感知觉的表象。

细而言之，对"意象"与"内心意象"关系我们可以作这样的解析：内心意象可以是心灵的构造，可能远离现实，但内心意象绝不可能凭空产生，它必须以感知觉的表象或映象为基础，而且，在一定程度上还可能是感知觉记忆痕迹的再现。当然，内心意象也绝不是感知觉的忠实再现和完全复现，而只是知觉形象的变形或歪曲，是感知觉拙劣的历史记载，或者是拙劣的档案记录。我们知道，由于感知觉是向外部世界的投射，因此，它可以在刺激的影响下呈现，并且还易于再现。比如，手被火烧灼的感觉，第二次还可以再现第一次的感知觉。而意象则是内在的心理体验，它由自己的心灵产生，所以，它并不一定是对同一时刻的外部世界所做出的等值反映。由于受到心理的加工和润饰，意象即便是试图再现以往的感知觉，也不可能做到完整无缺。

一般地说，内心意象具有如下特征：（1）直观性。由于意象是在知觉基础上产生的，构成意象的材料均来自于以往知觉过的内容。因此，意象具有直观感性反映的特点。（2）概括性。一般来说，意象是对知觉多次概括的结果，它有感知的原形，却又不限于某个原型，而是对某一类对象的表面感性形象的概括性反映。它常常表征为对象的轮廓而不是细节。（3）生成的多渠道性。意象可以在多种感知觉的渠道上发生。① 前文说过，人感知事物的方式很多，通过眼、耳、鼻、舌、身甚至于内感知等都可以进行感知活动。可以说，人有多少种感觉也就会有多少条生成意象的途径。所以，我们既能形成视觉意象，用几乎相同的方式，我们也可以形成触觉意象、味觉意象，等等。不同的人，在意象形成上有不同的特点和优势。比如，画家在视觉意象上往往具有更大的优势。

当然，内心意象是有层次的。从内容被加工的深浅程度看，有记忆意象和创造意象之分。所谓记忆意象是指主体对客体所产生的一种主观经验（视觉的、听觉的等）。被感知的客体对于主体的经验来说，是曾经作为一种刺激物存在过但现在并不存在于主体的知觉领域之中。那种特别逼真和细微的记忆意象，心理学上称之为遗觉像。所谓创造意象是指主体在某一客体的原有表象或经验基础上创造出的一种新的意象（视觉的、听觉的及其他的）。它与记忆意象的区别在于，被感知的客体对于产生这种经验的主体来说，是从来未作为一种刺激实物而存在过，它完全是由主体想象出来的客体。我们常常能在"心"中"看见"并不存在的事物，"听见"并没有人在演奏的音乐，"预见"事物将要发生的结果等，都是创造意象的体现。正是这种创造意象，使我们能够对事件作出超前反映，从而在思维的创造活动中发挥着重要的作用。

在具体的思维运演中，记忆意象和创造意象并无明显的界分，意象往往是以整合后的形态出现。元朝马致远的词《越调·天净沙·秋思》便可作为一种注脚：

> 枯藤老树昏鸦，
> 小桥流水平沙，
> 古道凄风瘦马。
> 夕阳西下，
> 断肠人去天涯。②

---

① 孟昭兰. 普通心理学 [M]. 北京：北京大学出版社，1994：318－322.

② 亦有"小桥流水人家，古道西风瘦马""断肠人在天涯"之说，但据清人朱彝尊及杜文澜等诸先生考订，以"平沙""凄风"更为确切。吾从之。相关考证性研究，参见王习胜.《天净沙·秋思》的逻辑悖性及其消解 [J]. 皖西学院学报，2011（6）.

"枯藤""老树""昏鸦";"小桥""流水""平沙";"古道""凄风""瘦马"……本来是感知觉形成的分立存在的表象,但是这些分立的表象经过重新整合——心灵的加工,便生成为另一种内心意象,于是,整首词就以鲜明的艺术形式在读者心中构成一幅凄凉的塞北秋景。

当然,在表象的基础上,经过思维的信息加工,还可以产生出二级、三级、四级乃至更多级的内心意象来。级数越多,离感知觉的事物也就越远,心灵加工的程度也就越深。

感知映象和内心意象是一个微观认知过程的两个端点(由直接到间接、由感知到抽象),下表大致反映了二者之间的区别:①

特征	感知映象	内心映象
与客体关系	直接,接受客体的物理特性约束	间接,不受客体的物理特性约束
变易性	较小	较大
与思维发展的关系	起点	重要因素

虽然内心意象不如感知映象那样具有较高程度的客观性——它只是外部世界在人们心灵中的"代替品",但是,如果没有它,不仅我们不可能创造世界,甚至于也无法理解世界。在感知觉信息接收与思维的信息加工之间,内心意象具有十分重要的基础和桥梁的作用。西蒙(Simon, H. A.)的实验,就是以实证的方式说明内心意象对于我们思维的质量,乃至于对于我们认识事物的意义:在棋手面前将一次高水平棋赛的某个棋谱(含 25 个棋子)展示 10 秒钟,然后要求被试者凭记忆复述这个棋谱。如果是国际象棋大师,则能准确无误地全部复述出来;如果是新手,却只能复述约 6 个子。倘若同样数量的棋子在棋盘上是随意乱放的,那么,象棋大师与新手一样,也只能复述出 6 个子。造成这种差异的原因在于,象棋大师对棋谱是一种整体识别,他建立起了某种智力图像,这个图像是一个具有内在联系的棋谱,10 秒钟的注视足以使他把储存于脑中的智力图像整块地取出来,与之匹配,而不是一只只棋子地记忆。一旦遇到杂乱无章的棋子,他就搜索不到已有的智力

---

① 章士嵘. 认知科学导论 [M]. 北京:人民出版社,1992:143.

图像，他那长期形成的直觉就不起作用，因而也只能与新手一样去死记了。①

组块是思维的另外一种材料。除了感官直接感知具体事物并形成感知觉的表象，乃至于内心意象外，我们还可以通过所谓的 3′R 方式（read，write，arithmetic）去接受言语的信息，并由此而产生出表象或意象的另一种特殊的形式——组块（chunking）。

所谓组块，又称为组件、模块，在科技语中，组块多指硬件功能的器件，可以组合和更换的标准单元。作为从认知信息加工的角度对思维材料的一种称谓，组块是指由较小的思维元素组成的，而又能够独立地存在，并且可以作为一个单位被记忆整体调用的集合体。一个组块，可以是一个字、一个词、一个复合词组，乃至一个短语。如，当我们读到"中"时，"中"字便作为一个组块而存在于我们的感觉记忆中。但接着出现"国"时，那么，思维就会自动地将它们组合成为"中国"这个组块。如果接下去又出现"共产党"这个组块，那么，思维又会自动地将它们组合成为更大的组块——"中国共产党"。当我们接下去读到"是执政党"这样的语词时，那么，"中国共产党是执政党"这个语句甚至都可以成为一个组块而存在于我们的感觉记忆之中。认知心理学认为，人的短时记忆的容量约为 7 +/－2 个组块。通过 3′R 方式形成的组块，具有这样的性质：（1）整体性。所谓整体性是指由于组块内各元素结合紧密，组块在使用中总是作为元素的集合体整体地出现。（2）多元性。多元性是指组块构成的多元素性，组块往往是由若干元素组成的集合体，简单的如一个概念，复杂的如一项经验，只要是作为整体使用的单位，都可以看作由多项元素组成的组块。②（3）独特性。独特性是指组块的方式与组块的大小，同主体个人的具体情况密切相关。对于同一个认知对象，不同的主体会有不同的认识和理解，因而就会有不同的组块方式和组块。通常，对于处理的材料越是熟悉（处理类似材料的经验丰富，有关的背景知识较多）的人，处理该类材料的组块能力就越强。这样的人可以把材料组成个数较少而体积较大（含有较丰富的信息量）的模块。这样，在材料

① 西蒙. 人解决问题对人工智能的教益 [J]. 自然辩证法通讯，1981（1）.
② 吴汉民. 创造与发现的组块论模型 [J]. 自然辩证法研究，1999（6）.

的信息量不变的情况下，因组块数量的减少而减轻记忆的负担，从而增加记忆的信息量。① 由于记忆是思维的基石，所以，记忆量越大，无疑会有助于思维质量的提高。

我们再来看表象或意象与组块之间的关系。由感知觉直接从具体事物中形成的表象或意象与通过 3′R 方式形成的组块，是相对独立的两个系统。曾任美国心理学会会长、并在 1950 年首倡"创造力研究"的南加利福尼亚大学教授 J. P. 吉尔福特（Guilford，J. P.）发现，一个人在图形流畅性测验中的得分与在语言流畅性测验中的得分，其间并不具有相关性。② 但这并不是说，在图像性意象与言语性组块系统之间有着不可逾越的鸿沟。由于信息在脑中既可以组块（词）进行编码，也可以意象（图像）进行编码，所以，在一定条件下，组块与意象之间往往又可以互译，甚至是可以互补的。组块可以捆绑在意象上被储存，意象亦可以通过组块（言语）被提取、描述和组织。比如，在职业记忆专家那里，就常用诀窍使言语的材料与复杂的图像表象材料"纠缠"在一起，从而产生出令人难以置信的记忆奇迹。即便是复杂的图像表象也是容易被回忆的，当它们被转译成话语时，难以记忆的组块也

---

① 心理学家所做的即时回忆实验表明：主试用口述或视觉方式先后给被试呈现一系列符号，每个符号不超过几秒钟，如：0 1 0 0 1 0 1 1 0 0 1 0，呈现后马上让被试复述这些符号。全部回忆这 12 个符号是比较困难的。实验结果表明，人的短时记忆不能记住 12 个项目。G. 米勒虽然提出人的短时记忆容量是 7 +/ - 2，但实际上，人能记住的数量还要少些。G. 米勒发现，如使用二进制的办法就能记住这一系列符号，方法是把这 12 个项目重新编码，分成 3 个一组，就能记住它们。可见，人的记忆广度不在于信息数量的多少，而在于编码的方式。信息论中将信息用比特（bit）来计算，上述数字系列包括 12 个比特。而用十进制的 0 - 7 编码时，每个数字都能表现 3 个比特。见下表：

二进制与十进制数字转换表
二进制：000 001 010 011 100 101 110 111
十进制： 0 1 2 3 4 5 6 7

上述 12 个符号就可编成"2262"4 个数字，每一个数字包括 3 个比特。当记住"2262"这 4 个数字时，实际上就记住了这 12 个比特的信息。由此可见编码（即组块）对于记忆容量的重要性。参见［美］司马贺. 人类的认知［M］. 荆其诚，张厚粲译. 北京：科学出版社，1986：22 - 23.

② ［美］托马斯·布莱克斯利. 右脑与创造［M］. 傅世侠，夏佩玉译. 北京：北京大学出版社，1992：56.

被回忆起来了。如果一些形象很滑稽、富于挑逗性，或是很奇异，那就更易于人们把它们回忆起来——因为那样的图像意象对个人来说，是难以忘怀的。同样，电影剧本作者将所构思的人物与故事情节的图像，以文字语言形式存储起来就是剧本；而导演的任务就是按照剧本的文字语言再生图像——将剧本的言语表象或意象恢复成图像。心理学家认为，在实际思维中，究竟是以图像的意象，抑或是以组块的意象为思维运作的基本材料，则主要取决于不同的思维任务而定。例如，在几何学的运算中，很大程度上就是依赖图像操作的支持，图像意象的操作是几何运算的必要支柱。但是，在代数、方程式中大多则只用符号概念按照公式进行运算，完全排除了形象操作。[①] 其实，情况也并非完全如此，对于一个数学家来说，当他看到 "$x^2/a^2 + y^2/b^2 =1$" 时，脑子里就会出现一个椭圆，如果 "$a=b$" 就是一个圆。1980 年 1 月，美籍中国物理学家、诺贝尔奖获得者杨振宁博士曾经在上海作过 "爱因斯坦和 20 世纪下半期的物理学" 的演讲，演讲的主题之一就是物理原理几何化。他认为，麦克斯韦（Maxwell，J. C.）用数学方程式表示了法拉第（Faraday，M.）关于磁力线的几何想法，而爱因斯坦在许多文章中都讲到了物理原理几何化问题。爱因斯坦把电磁场看作时空结构，实际上是把它看成几何结构。杨振宁博士通过非常美妙的想法把引力看成几何。如果引力是几何，那么，所有物理原理都可能是几何。[②] 我们在这里想要说的是：不论是由感知觉形成的表象或意象，抑或通过 3′R 方式形成的组块都是思维运演中不可或缺的材料，尽管这两类材料是以各自独立的系统存在，但是二者之间还是互补和共容的。

二、选择后的材料存储

我们生活在大千世界，刺激我们感知觉的对象无穷无尽，感知觉不可能对所有的刺激物都形成表象或意象。在某一时间里，人们只能感知、思考有限的对象，而对大多数对象，我们的感知觉是 "视而不见" "充耳不闻" 的。

---

① 孟昭兰. 普通心理学 [M]. 北京：北京大学出版社，1994：323 – 324.
② 周义澄. 科学创造与直觉 [M]. 北京：人民出版社，1986：255 – 256.

面对所有可能的感知对象，感知觉仅仅感知、思考其中的有限对象，这种认知机制就是认知中的选择机制。

（一）认知选择

所谓认知选择，就是思维主体在诸多可能性范围内收缩自由度，进行筛选和自主抉择。我们认为，认知选择既有生理的无意识的自然选择，也有心理的有意识的自主抉择。①

生理的无意识的自然选择，首先表现为人以感觉器官为门户的神经生理系统，由其生理结构和功能所决定的选择。人类的感觉器官和感觉系统具有特定的生理阈限和结构功能，这是人能获取外界信息的先决条件。人的感觉器官实际上是一个信息过滤器，视觉和听觉都具有精细和完善的选择功能。视觉的适宜刺激物是波长在 380 - 770 毫米之间的电磁辐射，它们在视觉分析器内转化为神经过程，引起视觉。视觉不仅对那些能够吸引它的事物进行选择，而且对它看到的任何一种事物进行选择。听觉接受的是大约 16 - 20000 赫兹频率范围内的声波，这个范围以外的高频或低频的振荡波，人的听觉是感受不到的。人的视觉、听觉对外界电磁波和声波的这种接受能力，是人类为适应于生存的需要和反映物质世界宏观物体的需要，在长期的种系进化过程中逐渐形成的。如果人类没有这种接受外界信号的选择机制，如果周围的所有刺激信息都能为人所接受，那么人的感知觉将会被刺激信息所淹没，就会什么也听不见和看不见。

---

① 也有研究者对选择作了这样的分类，即有意识的选择和无意识的选择；无意识选择又可分为先天无意识选择、先天遗传选择与后天无意识选择（即不自觉的习惯性选择）；而有意识选择包括认识世界的选择和改造世界的选择，前者又包括对事实的认识和价值的认识。

选择的分类：

先天无意识选择 $\begin{cases} \text{无意识的选择} \\ \text{先天遗传选择} \\ \text{后天无意识选择（即不自觉的习惯性选择）} \end{cases}$

有意识的选择 $\begin{cases} \text{认识世界的选择} \begin{cases} \text{对事实的认识} \\ \text{对价值的认识} \end{cases} \\ \text{改造世界的选择} \end{cases}$

参见周焰，李德华，王祖喜，胡汉平. 选择与创造性思维中的选择 [J]. 自然辩证法研究，1999（1）.

在人的感知觉有选择地接受外界信息的基础上，人的感觉分析系统还要进一步选择所接受的信息。如人的视觉分析器对所接受到的视觉信息的选择，通过分析加工，估计只择取出千万分之一的特征信息传给大脑的视中枢，进而在大脑皮质的相应部位，被分析和综合成视觉映象。人类感觉系统对外界信息的选择机制，在人的整个认识活动中只是初级的，它对于个体的人而言基本上是先天、不自觉和不被意识到的。

关于心理的有意识的能动抉择，我们可以从认知心理学中找到更多的答案。认知心理学告诉我们，人的所有认识技能都可以看作是思维对多个（种）"如果……那么……"（If……then……）产生式选择能力的集合。知觉决不仅仅是感觉信息的登记，它还涉及对感觉信息的处理及模式的识别，并与注意有密切的关系。正如 G. 米勒所说："只有我注意的东西才能影响我的心理。如果没有选择的兴趣，经验就会是一团混乱。"① 感觉映像的信息虽然是丰富的、整体性的，但却是表面的、直观的，思维必须对其作进一步自觉、能动的选择，才能使之成为思维运作的材料。在有意识的能动抉择中，注意机制起着十分重要的作用。

注意（attention）是意识的一个属性，是人的心理活动或意识对一定事物的指向和集中。所谓注意的指向，是指心理活动选择某一事物为对象而使之离开其他事物；所谓注意的集中，是指注意时只对某一对象"全神贯注"而"心"不旁顾。注意的基本作用在于，为感知觉选择信息，使被选中的信息处于心理活动或意识的中心，以便能被有效地记录、加工和处理。英国学者唐纳·布罗德本特（Broadbent，D.）认为，注意是感知觉的"过滤器"——它起着一个通讯渠道的作用，它决定着哪些信息可以进入感知觉领域，并对进入感知觉领域的信息进行积极的加工和传输。这一通讯渠道在某一时刻究竟能"放进"和加工多少信息，则要受注意机制在不同信息输入源之间转换能力的限制。所以，在同一时刻，注意必须对各种现时信息进行"过滤"输入。注意的这种过滤功能，心理学上称之为"鸡尾酒会效应"（cocktail party

---

① G. 米勒等. 光和视觉. 转引自朱葆伟，李继宗. 论选择［J］. 社会科学战线，1987（1）.

effect）——在鸡尾酒会上，很多人在同时进行着各种交谈，但一个人在同一时刻则只能注意和参与其中的一个交谈。

由于心理资源有限，同一时刻，心理只能将信息加以过滤和筛选后有限地接受下来。此时，唯有那些最重要或最有兴趣的信息才能成为注意的对象。布罗德本特设想，注意就像收音机上的旋钮，一方面挡住大多数不需要的信息，另一方面延留所需要的信息，使之进入意识。注意对心理活动的这种特殊的作用，不完全是因为人的心理能力有限，而且还有其特殊的意义，即以少数对象作为心理操作的对象，它们就能被突显出来，从而能够被清晰而且充分地认识。①

至于哪些刺激物或刺激物的哪些属性能够为认知主体所注意，从而被选择，这不仅依赖于对象所提供的"特殊信息"，而且与主体当时的心态、情绪、环境的影响，个人的审美偏好，对对象的期待程度，甚至个人的背景知识，以及对对象不同的了解程度等密切相关。所以，即便是同一个对象，不同的人甚至是同一个人在不同的环境下注意的程度也会有所不同。不同的注意，会有不同的选择，当然也就会有不同的感知觉表象和意象。此即所谓"横看成岭侧成峰，远近高低各不同"，见仁见智，因人而异，认知因此而显现出诸多的差异性。选择主体的个人好恶对备选方案中的何种方案被选中，往往起着非常重要的作用。

我们在说明选择的一般机制时，虽然作了生理和心理分类，但这仅仅是为了阐述的方便，其实，在具体的认知过程中，每一次选择往往都是多层次的选择——生理和心理、有意识和无意识，最后导致综合选择的结果。

（二）材料的存储

感知觉反映的是当下作用于感官的事物，离开当下刺激的对象，即在一定时间段之后，感知觉的形象就不复存在。意象尽管也可以为心灵所创造，但它毕竟要有感知觉映象为基础。那么，存在时间极为短暂的感知觉映象如何能为心灵意象的再生提供平台呢？

这个平台就是由记忆建立的。记忆包括"记"和"忆"两个方面，

---

① 孟昭兰. 普通心理学［M］. 北京：北京大学出版社，1994：158.

"记"体现在识记和保持上，"忆"体现在再认和回忆上。记忆是通过识记、保持、再认或回忆等方式在人们头脑中积累和保存个体经验的心理过程。①

记忆总是指向过去。凡是人们感知过的事物、思考过的问题、体验过的情感以及操作过的动作，都可能以映像的形式保留在人的头脑中，在必要时又可以把它们重现出来。

大脑的记忆容量大得令人吃惊。有人估计正常人一生记忆容量为 100 万亿比特。保守估计，我们实际记忆仅为我们一生中所知道的东西的千分之一，即便如此，这千分之一的信息量也比一台用于研究的计算机储存的信息要多很多倍。

人类的记忆效率也是十分惊人的。对于许多问题，我们可以不假思索地予以回答。例如，对于"狗是植物吗？"这样的问题，我们可以立刻回答"不是"。所谓"不假思索"，是指我们不必在记忆中进行彻底的搜索，想想狗是不是动物，也不必到"动物"之外的事物的类中去搜索一番。如果是计算机，则必须要在彻底的搜索之后才能给出即便是如此简单的答案。②

从记忆的机制来看，记忆中的一切首先都是来自于感觉输入。环境刺激作用于感官，转变为神经兴奋，神经兴奋再传至感觉缓冲器——脑的一部分，神经兴奋在缓冲器停留的时间足以使我们能够对信息进行选择。由于到达缓冲器的信息比我们注意到的信息要多得多，于是，注意便在这里发挥着对信息的选择作用。实验表明，一个没有被注意的声音在听觉缓冲器停留的时间仅约 4 秒钟。在这段时间里，我们仍然能够注意它，但是 4 秒钟之后，它就会消失，离开我们的感知系统。

一个人一旦失去了记忆，便丧失了意识，也就不可能进行思维。一些患有严重老年痴呆症的病人，他们几乎忘却了自己的过去，甚至不知道自己是谁，也就谈不上思维了。同样，计算机如果没有记忆装置，也就无法进行连

---

① 记忆研究是由现代心理学发端时期（19 世纪末叶）德国著名学者艾宾浩斯（Ebbinghaus）开创的，之后记忆问题受到学界重视，并已取得不少成就。关于记忆的一些实验心理学的研究情况，可参看王甦，汪安圣. 认知心理学 [M]. 北京：北京大学出版社，1992：103 – 136.

② 邱仁宗. 当代思维研究新论 [M]. 北京：中国社会科学出版社，1993：49.

续性的计算。

记忆素有"心灵的仓库"之美称，它是人类意识和思维的基础。记忆将人的心理活动的过去、现在和未来联成一个整体，使心理发展、知识积累和个性形成，乃至于思维运演成为可能并得以实现。

第三节　思维运演的描述

在对思维运演必不可少的两个系统，即加工系统——脑，材料系统——表象、意象和组块等问题作了必要的阐释之后，我们已经初步具备了说明自由思维运演机制的条件。

一、始于问题

思维运演从哪儿起始的？我们知道，思维运演总是具有一定目的性的。那么，其目的性又是什么呢？

英国科学哲学家 K. 波普尔（Popper, K. R.）的话对我们颇具启发性：一切定律和理论本质上都是试探性、猜测性或假说性的，都是一种对自然界普遍性的猜测，而猜测是从问题开始的。因此，科学只能从问题开始，并且"应当把科学设想为从问题到问题的不断进步——从问题到愈来愈深刻的问题"①。这就是著名的"科学始于问题"的命题。据此而论，每一种科学理论只不过是一个解决科学问题的尝试。不仅仅是波普尔有此之见，创造性思维研究者韦特海默（Wertheimer, M.）也有类似观点："创造性过程常常具有这样的性质：渴望对事物获得真正的了解，从而开始重新提出问题并进行研究。"②

我们的看法是，由于任何思维的运演总是具有一定目的性的，那么，如

① ［英］K. R. 波普尔. 猜想与反驳：一种科学知识的增长［M］. 傅季重译，上海：上海译文出版社，1986：317.
② ［德］韦特海默. 创造性思维［M］. 林宗基译，北京：教育科学出版社，1987：189.

果我们把每一个思维运演的过程也都看作是一种"泛化"的研究过程，一种思维的创造性过程，那么，思维运演也就应当是始于问题的。

什么是问题?① 在直觉层面上，似乎我们每一个人都知道答案，实际上，也时常在解决着各种各样的问题。但若对"问题"作出一个理论的界定，却显得有些困难。于是，对"问题"就有了各种各样的说法。比如，有人从哲学角度去理解，认为问题就是"人没有认识而应该认识的东西""人认识的已知部分与将被认识的未知部分的距离"，或是"认识主体与认识对象之间的距离"；有人从教育心理学的视角去说明，认为问题是"在学习原封不动地运用已有知识不能解决的情境"；还有的人认为，"问题是一种矛盾，一种情境，一个没有直接明显的方法、想法或途径可遵循的情境"。② 我们倾向于从认知心理学角度去界定"问题"：所谓问题，就是认知的初始状态与目标状态之间的距离。解决问题就是要消除这其中的距离。初始状态与目标状态之间的距离被消除，也就是目标的实现，问题的解决。需要说明的是，在具体的思维运演过程中，思维之目的——目标或"问题"，可能表现为各种各样的愿望或观念，即我们称之为意念的存在。作为一种情感、一种动作的欲望、一种心理要求的信息，或者是一种观念、一种认识、一种对某种规律的把握或某种复杂的意识，当头脑中某种意念出现后（也可能是瞬间闪现的），也往往会引发起一个思维运演的过程。这就是说，在具体的思维运演过程中，"问题"与意念之间并不存在明显的界分。

解决了一个问题，实现了一个愿望，满足了一种心理需求……都可以看作是一个思维过程运演的结束。

二、问题解决

尽管问题是多种多样的，人们对"问题"的表述也不尽相同，但大多数

---

① "问题"，是一个值得我们去进行广泛、深入研究的课题。比如，问题是怎样产生的？如何寻找问题、发现问题？问题如何表述？什么是有价值的问题？什么是伪问题？如何表征问题？问题的本体论和方法论预设对解题有什么影响？等等，都是值得我们去审思和作答的"问题"。

② 江丕权，李越，戴国强. 解决问题的策略与技巧［M］北京：科学普及出版社，1992：1.

心理学家都认为，"所有的问题都含有三个基本成分：（1）一组已知的关于问题条件的描述，即问题的起始状态；（2）目标：关于构成问题结论的描述，即问题要求的答案或目标状态；（3）障碍：正确的解决方法不是直接显而易见的，必须间接通过一定的思维活动才能找到答案，·达到目标状态"①。问题之所以能够成为问题，是因为"问题的条件与目标之间有着内在的联系，但是把握这种联系，由起始状态达到目标状态都不是简单地通过知觉或回忆而能实现的，其间存在着障碍，需要进行思维活动"②。

什么是问题空间？面对问题，思维活动首先要做的就是对问题进行表征。表征问题亦即构成问题解决的空间。③ 问题空间的内容十分广泛，它既包括对问题初始状态和目标状态的表述，理解关于问题的指令和限制，也包括从长时记忆中提取信息，或收集有关作业的补充信息。

问题空间不是有了问题就有的，而是必须由问题解决者自己去构建。之所以不同的问题解决者对同一问题会构建出不同的问题空间，是因为问题解决者过去的经验和储存的知识在影响着他对当前问题的解释。尽管"知识"不一定"就是力量"，但"巧妇"必定"难为无米之炊"。换一句话说，问题解决者如果没有一定的相关问题知识或经验之记忆储备，那么，就可能构成不了问题的空间，或者只有十分狭小的问题空间领域。先天呆痴者、丧失记忆者或知识贫乏者，不能解决问题或不能解决复杂的问题，即缘于此。

构成问题空间，首先要做的就是从自己的"心灵仓库"——记忆中提取信息，或收集有关作业的补充信息。仅就提取信息而言，一般又有直接与间接的两种提取方式。

其一，材料的直接提取。问题解决者对自己十分熟悉的表象或意象，一般采取直接方式进行提取。诸如"你叫什么名字"之类的问题，人们之所以

---

① 王甦，汪安圣. 认知心理学［M］. 北京：北京大学出版社，1992：277.
② 王甦，汪安圣. 认知心理学［M］. 北京：北京大学出版社，1992：277.
③ 所谓问题空间就是问题解决者对一个问题所达到的全部认识状态。因为任何一个问题总是要包含给定条件和目标，即提出一定的任务领域或范围。人要解决问题必须先要理解这个问题，对它进行表征——给定了哪些条件，要达到什么目标，这就是构成问题解决的空间。

只需花几分之一秒钟的时间就能回答，是因为思维对这类问题解答的材料十分熟悉，不论在短时记忆还是长时记忆中，"名字"这一表象、意象或组块都极易于被提取出来，不需要经过复杂途径去搜索。相反，如果是计算机的话，则需要采用连续扫描的方法，彻底地搜索记忆中的全部内容后，才能给出问题的答案。有一种说法，如果人也采取计算机的方法，一个50岁的人，大约需要400年的时间才能回答这个问题。这是因为，一个50岁的人，他的记忆容量之大是可以想象得出的。而对于另外一些荒唐可笑的问题，诸如"孔夫子是否喜欢摇滚乐"等，人们也会不假思索地予以回答。计算机的"没有答案"的结论，也是要在彻底地搜索之后才能给出。① 这些情况反映出，对于极其简单的问题，人的并联式（计算机则是串联式的）问题解决方式，往往可以用直接提取的方式快速进行解决。

其二，间接提取。我们对记忆中储存的表象或意象、组块，不可能都像我们的"名字"那样熟悉。因此，在解决问题时，直接提取的材料也不可能满足对所有问题解决的需要。这时，就需要另辟提取的途径，即采取间接提取的方法。联想（association）和系统推论是间接提取中最为常用的方法。

关于联想，人们并不陌生。恐怕人人都有这样的体验，许多我们一时遗忘了的东西，如果孤立地回想，虽然经过一段时间的努力，也能回想出一些来，但是很费劲。然而，如果我们换一种方式，将要"想"的东西放下来，先想一些与其相关的情景，那就可能会较快地回想起被遗忘的东西。类似于这样一种回想的方式，人们谓之为联想。因此，所谓联想就是头脑中储存的记忆表象或意象，由于某种契机而与另外一些表象或意象发生联结的心理活动。科学研究揭示，人的大脑会根据主体的兴趣、需要、知识结构、个人经历等，自动地将主体感知的表象或意象进行"意义"归档，然后再分门别类地将它们储存在记忆之中，这在记忆的直接提取中表现得尤为明显。当主体面临任务时，大脑便会根据任务的性质，利用某种契机，使某类表象或意象和另外一些与之相关的表象或意象发生联结。

那么，联想的联结的机制又是什么呢？早在古希腊时期，柏拉图（Pla-

---

① 邱仁宗. 当代思维研究新论 [M]. 北京：中国社会科学出版社，1993：50.

ton）、亚里士多德等人就曾注意到了这个问题。亚里士多德在其《论记忆》（De Memoria）中认为，人们在回忆过去事物时，是利用事物之间的相似、对比和接近关系而进行联想的。这便是最初反映联想规律性的"相似律""对比律"和"接近律"。当然，后来的研究者对此作了发展，认为有相似联想、对比联想、接近联想和关系联想等多种联想方式。无论如何，联想也正是通过表象或意象之间的那些相似、接近或对比等关系，才使得某种（些）表象或意象与另外一种（些）表象或意象之间有了可以发生联结的共同点——那也正是表象或意象之间联结的桥梁。①

在问题解决中，联想的作用在于，当人们在一定情况下产生某种需要时，思维便会依据联想的机制，如相似、接近或对比等关系去调动记忆储存中的各种表象或意象，并使之发生联结或组合，以产生新的意象来适应其需要。联想的作用，可以归纳为如下两个方面。

第一，联想提供了表象或意象之间可能存在的联结途径。看上去毫无关联的表象或意象之间，之所以会发生可能的联系，正是联想的内在机制——相似、接近或对比等关系在发挥作用。从联结的途径上看，联想大致是通过表象或意象之间在时间、空间和性质等三个方面来进行联结的。时间和空间途径的联结是外在联结。性质途径的联结是内在的联结。一般地说，记忆在信息编码及其储存的过程中，时、空上相近的表象或意象是被编码和储存在一起的。因此，从心理机制上说，时、空途径的联结通道是经常打开的，人们几乎可以毫不费力地、自发地循着这种途径，获得所需的联结。至于性质联结的途径则是带有一定的刻意性，它往往具有直接肯定的内涵，甚至与直接类比（求同）、隐喻等有某些共同之处。也就是说，性质联结，实际上已经是在运用协同想象功能进行思维的创造了。

第二，联想提供了表象或意象之间可能存在的新的联系。联想不同于一般的回忆，不是直接提取记忆中的表象或意象，而是带有一定的思维加工的成分。它通过相似、接近或对比等渠道，寻求表象或意象之间在时间、空间

---

① 傅世侠，罗玲玲. 科学创造方法论［M］. 北京：中国经济出版社，2000：298 - 299.

或性质上的相关点，将原来并不联结在一起的记忆表象或意象，看似荒唐地联结在一起，使得表象或意象之间内含着的、可能存在的联系或关系，并因此而被牵引出来，从而也就有可能从某一侧面暴露出事物之间应有的某种联系或关系①。这就为人们从思维上解决问题提供了可供选择的途径。

就具体的问题解决者而言，究竟会产生出什么样的联想，这不仅要取决于主体的思维水平和思维方式，而且还要取决于解决问题的需要。此外，主体储存的感知表象或意象的多少对联想启动的快慢、联想质量的高低也会有很大的影响。

当然，间接记忆提取还包含系统推论的方式。一般而言，推论属逻辑思维，更应该是思维创造中的内容。这里我们为什么把"系统推论"也作为记忆提取中的一部分呢？这是因为，这里的系统推论，其主要功能和目的在于：使记忆中的表象或意象发生联结，从而更好地提取记忆中的表象或意象，为当前的问题解决服务。所以，它在这里所发挥的主要是记忆的提取功能。当然，这个过程之中不可避免地存在着一些表象或意象的重组或加工问题。下面这个例子，也许对我们理解系统推论的提取功能有所帮助：在中国北方的人可能见过东北虎，而没有见过华南虎。当问他们"华南虎毛皮上也有虎纹吗？"这样的问题时，虽然他们没有见过华南虎，却也能给出正确的答案："有。"这个答案是通过这样的一个推论得来的：东北虎是虎。虎的毛皮有虎纹。华南虎也是虎，它的毛皮也会有虎纹。据实验，对于这样的问题，一般人的回答大约只要两秒钟时间。

在问题解决中，从记忆中提取思维材料——感知觉产生的表象或意象、组块，只是问题解决的准备阶段，真正能够对思维材料进行重组、加工，并从中产生出绝妙的"思维之花"或"思维之果"的是想象（imagination）。

所谓想象，就是人们在头脑中通过形象化的概括作用，改造、再加工和重新组合旧有的记忆表象或意象、组块，并产生出新的形象的一种特殊的思维活动。也可以这样说，"想象，作为人所特有的一种心理过程，是人们在已有经验基础上，通过联想的作用，对头脑中原有的记忆表象进行改造和重

---

① 罗玲玲. 创造力理论与科技创造力［M］. 沈阳：东北大学出版社，1998：99.

新组合，从而创造出新的经验形象，即形成并非直接反映现实中已有的客观对象的新的主观映象"①。例如，人们可以通过别人的描述，想象出自己从未见到过的大海、草原、高楼大厦，甚至于现实中根本就不存在的外星人、孙悟空、猪八戒等。想象是新形象的创造过程，想象的内容往往是现在之前的或是现实中没有出现的东西。尽管如此，想象仍然是对感知觉表象或意象的创造，而不是凭空的捏造。之所以这么说，其依据是：先天盲人就产生不了美丽的色彩想象，而天生的聋哑人也不会产生出生动的音乐想象。因为他们没有这些方面的感知觉表象或意象作为想象加工的基础。

与联想不同的是，想象是一种意象性反映，是对记忆中的表象或意象、组块等进行自由的、超乎现实的加工。"联想"的重心在于"联"，即"联接"；"想象"的重心在于"想"，即重组与加工。但想象又必须以联想为基础。由联想到想象，其中的发生机制主要是隐喻和类比等。

所谓隐喻（metaphor），在语言学上是指暗含比拟的语句，在这种语句中，将本来用于某一事物的词或短语应用于另一事物就是隐喻。② "含沙"而"射影""指桑"却"骂槐"，是其语义的近似注解。从心理学角度来理解，隐喻是通过事物之间在某一（或些）性质、形状及其原理上的相同或者相似，而将不同事物进行联系、比较，以帮助人们理解另一事物或创造某种意象的心理机制。例如，毛泽东在批判"党八股"时说：有的人写文章，就

---

① 傅世侠. 创造. 想象. 激情［N］. 自然辩证法报，1983 - 8 - 25（3）.

② 隐喻，本是一种修辞手段。西方修辞学鼻祖亚里士多德认为，隐喻是"把属于别的事物的字，借来作隐喻，或者借‘属’作‘种’，或者借‘种’作‘属’，或者借‘种’作‘种’，或者用类比字"（亚里士多德. 诗学［M］. 罗念生译，北京：中国戏剧出版社，1986：76.）。到20世纪30年代，从英国修辞学家理查兹（Richards, J. A.）开始，隐喻的研究便逐渐向认知及其他学科发展。他认为："隐喻是要旨（隐喻所表达的含义）和途径（包含基本类比）相互作用的结果。要旨和途径之间存在着概念上的不相容性及张力。张力推动读者从要旨和途径的相互作用中挖掘隐喻的意义。"（Richards, A. The philosophy of Rheioric New York. 1965. P. 119）70 - 80年代，又进一步，美国的雷可夫（George Lakoff）和约翰逊（Mark Johson）认为："隐喻不仅仅是语言修辞手段，而且是一种思维方式——隐喻概念体系"（George Lakoff and Mark Johson. Miaphors we live, By The University of Chicago Press, 1980. P. 24.）。

像懒婆娘裹脚，又臭又长①"文章"与"懒婆娘的裹脚布"本来相距甚远，不可等量齐观的两个事物，但是，因为"又臭又长"的共同性，使"文章"与"裹脚布"走到了一起，发生了联系，这就是隐喻起的作用。

有学者将隐喻的思维操作程序概括为：②

解决问题 A，需要 A 具有属性 a，

借助隐喻，寻找具有 a 的物群。

从中确定事物 B 与事物 A 问题同构，

事物 B 具有属性 a 的原理是 F，

所以，运用原理 F 解决问题，使事物 A 具有 a。

所谓类比（analogy），又称类推，是从根据两个或两类事物之间，由某些属性相同或相似而推出它们在其他属性上也相同或相似的思维方法。例如，某位发明家为了解决深水架桥问题而苦思不得要领。一次，他看到蜘蛛吊丝拉网，顿受启发，发明了不需在深水处筑桥墩的吊桥；再如，建筑中模型与实体之间的相似性，等等，都是运用类比的想象。从认知角度来看，类比就是从已知的某事物，推出与之相类似事物的未知属性或发展趋势等。

逻辑学家已将类比的思维过程提炼为如下公式：

已知 A 事物具有属性 a、b、c、d，

又知 B 事物也具有属性 a、b、c，

那么，B 事物可能也具有属性 d。③

简化地，上述公式可概括为：A：a–b–c–d；所以，B：a–b–c–d。

类比需要遵守一定的逻辑规律或规则，比如，两个或两类事物之间要具有可比性，要使两者之间的相同属性尽可能多，要注意两者在本质属性上的差别，等等。但是，如果真正遵守了这些规则，那么，类比似乎就更应该属

---

①　毛泽东. 毛泽东选集（第3卷）［M］. 北京：人民出版社，1991：834.

②　罗玲玲. 创造力理论与科技创造力［M］. 沈阳：东北大学出版社，1998：106.

③　逻辑界论及类比时，大多以此公式表述。很显然，这里的类比，是 A 与 B 比性质的。张盛彬教授认为，除此之外，类比也可以是比条件的，即"已知一事物的条件关系与另一事物的部分条件，类比推出另一事物的其他条件"，包括一般的因果条件关系。参见张盛彬. 论类比：兼论各种推理间的辩证关系［J］. 北京：未定稿，1981（2）.

于逻辑思维而不应该属于非逻辑思维了。不过，我们也应该注意到，即便类比遵守了这些逻辑的规律或规则，它也不可能像演绎推理那样具有严格的逻辑性和结论的必然性，甚至也不会像归纳推理那样具有从个别到一般的抽象性。这不仅仅是因为类比的结论是或然的，逻辑为它所制定的规则是极富弹性的。在我们看来，类比之所以具有这样一种特殊性，完全是因为它所赖以进行"比"或"推"的基础——借助于两类事物之间在诸多要素上的同构关系，这是不同于演绎和归纳的。类比涉及的仅仅是两个同构对象组成要素及其所表征的基本关系之间所存在并列性的对应关系。当然，这种同构对应关系并不是指表面形态上的几何相似，而是指事物深层要素与属性中的结构相似。与这种推理方式不同，归纳和演绎赖以进行的个别与一般之间的抽象关系，则是有层次的蕴涵内包关系。正是这种区别使类比推理可以直接从具体到具体地进行，而归纳或演绎则只能从个别到一般或者从一般到个别地抽象进行。① 由于具体对象的性质及其关系十分广泛而复杂，因此，建立在具体对象同构关系上的类比，其逻辑的规范作用就极富弹性。这种极富弹性的逻辑规范，从一个侧面也体现出类比在逻辑思维与非逻辑思维之间的桥梁地位和作用——非逻辑思维因为类比的规范性质而靠近了逻辑思维；逻辑思维通过类比这样一种从具体到具体（从个别到个别）的非严密性认知，逐渐进入到从个别到一般的归纳，并上升到从一般到个别的演绎，进入规律性认知的思维轨道，人类的认知由此实现了由具体到一般再到具体的螺旋式的上升和发展。

不难看出，想象机制中隐喻与类比之间是有层次上的差别的。首先，二者对"比"的依据要求不同，获取的难易度也不同。就隐喻来说，不论被比对象之间在本质属性上有多大差别，只要被隐喻的对象之间有相同点或相似

---

① 陶伯华，朱亚燕. 灵感学引论［M］. 沈阳：辽宁人民出版社，1987：151. 这需要说明：将归纳推理定义为个别到一般的推理，演绎推理定义为一般到个别的推理，这是传统哲学认识论的分类方法，主要是依据推理的大致方向来说的，并不准确。现代逻辑是依据推理结论的必然性划分推理的，有必然性推理和或然性推理。必然性推理包括演绎推理和完全归纳推理。或然性推理包括不完全归纳推理，类比推理和溯因推理等等。

性即可隐喻，而且，在相同点或相似性的程度上也无严格要求。由于事物的属性极为丰富，事物之间又是普遍联系的，因而，不同的对象之间总会在某一（些）属性上取得相同或相似，因此，只要我们开放思维，完全可从某个（些）方面、在不同程度上找到任意对象之间的相同或相似点。也就是说，隐喻总是可以比较方便地获得。就类比而言，因需要有较多的相同或相似的属性，也就有了更高的要求。所以，要想在两个任意对象之间获取类比，就不是一件十分容易的事。其次，二者"比"的效果不同。隐喻，是"内隐之比喻"，它有本体和喻体。隐喻的目的是以喻体说明本体，以便于人们理解隐喻者话语中的意思。类比的目的在于"推"出新的结论，获取前提中所不蕴涵的知识。因此，它的目的不在于"说明"什么，而是在于"创造"什么。最后，二者的创造程度也有差别。如果仅从创造——突破"原有"——的角度来看，隐喻较类比更具有创造性。隐喻是把两个看似荒唐的、本质上相距甚远的事物，仅依其某一（些）属性相同或相似，就把它们硬"扯"到一起。我们往往认为隐喻的"扯"是近乎荒唐、难以理喻，是因为在我们的思维中有一种定势——在一般人看来，那些被隐喻的事物之间本没有、似乎也不应该有什么联系。而隐喻恰好就是突破了人们常规思维所确定的那种定势，从而显现出了它的创造性。类比就不一样了。由于人的大脑有把相同或相似的认知对象自动进行归类储存的机制，而类比的机理与大脑的这种机制是相吻合的。也就是说，大脑中类比机制的大门始终是敞开着的，因而在这方面有所创造也就显得理所当然了。

通过隐喻和类比机制产生的想象，可以在有意之中亦可在无意之时发生。所以，心理学将想象作了不随意想象（involuntary imagination）和随意想象（voluntary imagination）等多种形式的划分。"所谓不随意想象，是指没有预定目的、不由自主地产生的想象。例如，把天空中漂浮的白云不由自主地想象成某类事物的形象，或随着他人的描述而想象事件的情节等；梦是无意识想象的一个极端的例子。梦是无意识发生的，梦的内容也可能十分荒诞，但它的构成成分仍然是记忆中已有表象或意象的分解或组合；幻觉（hallucination）是一种异常精神状态下产生的不随意想象。梦和幻觉虽然都属于不随意想象，但这并不是说，不随意想象就是这样的状态。其实，正常的人随着意境的出现，常常也可以产生很多不随意想象。所谓'浮想联翩'，就常常是诗人、艺术家进入的意境。所谓随意想象，是指认知主体在意识心理的控制下，按照一定目的、自觉地进行的想象。根据想象的创造程度，随意想象又可以分为再造性想象（reproductive imagination）和创造性想象（creative imagination）。所谓再造想象，是指根据语词、声音、符号、图像等示意，在头脑中形成与之相符合或相仿的新形象的过程。例如，小说的读者根据小说文本的描述，在头脑里构想出栩栩如生的人物形象或扣人心弦的故事情节等。再造想象需要有充分的语词、图形、声音、符号等示意，一旦缺乏这些材料，再造想象便无从产生；所谓创造想象，是指不依据现成的描述而独立地创造新形象的过程。因此，这种想象具有独创性和新颖性的特点。这种想象活动中包含着原形启发、典型抽取和灵感升华等多种特殊的形态"①。创造想象主要是指灵感，我们将在下一节详细论述。幻想（fancy）是介于不随意想象与随意想象之间的一种特殊的想象形式。它一般是基于人具有某些向往和追求时所出现的，所以，它不仅具有指向未来的特点，而且也往往更加变动不羁、新颖出奇。② 例如，有人想遨游太空，有人想腰缠万贯……任何企盼都可以使人在脑中产生与之有关的遐想。幻想与再造性想象不同，它不一定需要他人的语言或符号的描述而引起，因而有很大的独创成分；幻想与一般的创造性想象也有差别。幻想不具有创造性想象过程中那么艰苦的精神劳动。

因问题而联想，在联想基础上，通过隐喻和类比等方式进行想象，由于想象的作用，我们的思维便具有超越了时间和空间的限制，似一只无形之手触摸着感觉不到的世界，构造着与客观世界具有某种同构程度的主观世界，产生了无数的我们可能会理解也可能不能理解的思维产品，此时人类便拥有了康德所云的那份自信："我们必须强迫大自然答复我们的问题，而不是拖住大自然的围裙，让她牵着我们走。"③ 由此，自在的自然不得不让我们顺

---

① 孟昭兰. 普通心理学［M］. 北京：北京大学出版社，1994：324 - 327.

② 傅世侠，罗玲玲. 科学创造方法论［M］. 北京：中国经济出版社，2000：303 - 306.

③ ［英］卡尔·波普尔. 猜想与反驳［M］. 上海：上海译文出版社，1987：270.

利地解决着一个又一个问题，人类不仅因此而能够认识世界，还进而能够改造世界。

三、特殊现象和环节

以上是我们以问题解决为目标对思维运演的一般过程所作的简要描述。即便是简要的描述，也还存在着一些特殊的现象与环节需要我们作补充阐释。若不对这些特殊的现象与环节作阐释，我们便不能清楚地说明思维运演的真实过程。这些特殊的现象与环节就是灵感、顿悟及直觉等。

想象可能导致问题解决的直觉（intuition）的产生。而直觉往往又是借助于灵感和顿悟现象得以体现的。由于直觉、灵感及顿悟之间关系十分密切，学界对三者关系一直没有加以严格区分，以至于在这一领域内思维创造性问题的描述非常混乱。我们这里的阐述主要吸取的是傅世侠教授的有关思想。

灵感一词是从西方翻译过来的。据我国美学工作者朱狄考证，灵感这个概念"最早出现在中国文坛之时，估计不会早于本世纪20年代"[1]，即20世纪20年代。它是根据英文 inspiration 翻译过来的。Inspiration 的音译是"烟士披里纯"，胡适在他的白话文新诗中就生吞活剥地直接搬用这个"烟士披里纯"，遭到了鲁迅的辛辣讽刺。后来，Inspiration 才被译为"灵感"。在英文里，Inspiration 指的是"巫"一类凡人，吸入了神的灵气而产生的一种神妙的顿悟感应现象。这种翻译与我国"灵"字所含的神、巫之意也较吻合。

英国学者 H. 奥斯本（Osborn, H.）曾专文论述了灵感概念在西方产生和嬗变的三阶段：其一是原始宗教意义上的神赐天启论；其二是灵感与天才概念相结合；其三是灵感与潜意识的心理学相结合。而在我国，人们对灵感的认识，大体也经历了类似的过程。从"神赐天启""神巫交感"，到"应感""兴会""神思""灵机"，再到"灵感""灵感思维"，等等，从其术语的演变中，我们大致可体悟到灵感内涵发展的轨迹。

---

① 朱狄 . 灵感概念的历史演变及其他 . 转引自陶伯华、朱亚燕 . 灵感学引论 [M] . 沈阳：辽宁教育出版社，1987：43.

灵感常能给人们带来意想不到的创造效果，然而，它的发生却是突然而来，倏然而去，难以为人所控制，常使创造者"时抚怀而自惋"。灵感问题研究者将灵感出现的一般规律总结为：在长期积累的前提下偶然得之，在随意追求中无意得之；循常思索的基础上反常得之。就是说，灵感的发生带有极强的突发性、偶然性及情绪性。在灵感出现前后，创造者往往会表现出一种鲜明的情绪特征。或如传说中得到浮力灵感而光着身子跑到大街上高喊"尤利卡，尤利卡！"（找到啦！找到啦！）的阿基米德（Archimedes）。清人王国维在《人间词话》中对灵感的孕育生成过程作了精彩的描述："古今之成大事业、大学问者，必经过三种之境界：'昨夜西风凋碧树。独上高楼，望尽天涯路'。此第一境界也。'衣带渐宽终不悔，为伊消得人憔悴'。此第二境界也。'众里寻她千百度，回头蓦见，那人正在，灯火阑珊处'。此第三境界也。此等语皆非大词人不能道。"① 尽管灵感在文学艺术家那里被描述得极其神秘，但是，如果我们换一个视角，以心理学说明灵感现象，可能就没有那么神秘了：灵感不过是一种以特殊形式表现出来的、人所独具的心理状态。它区别于其他的心理状态的特殊之处在于：一是它的出现具有突发性；二是它往往会导致主体的某种理解或感悟，即有可能达到对所追求目标的某种规律性的顿悟或直觉认识。傅教授认为，灵感不属于认知心理过程，虽然它与直觉这种特殊认知心理现象联系紧密，即它往往会导致顿悟而产生直觉认识，但它本身却并不具有直觉所具有的认知作用和解题功能。它可能导致直觉产生，但其本身却并不就是直觉。② 如果我们从本体论角度来看灵感的话，灵感就是这样一个特殊的思维运演环节：即主体由于对思维材料的不当提取，或是被思维惯性或思维定势所左右，而对思维材料所作的现有的加工方式（序链状态）对应不上"问题"应有的存在方式（序链状态），产生不了"应有"序链之功能导致思路出现中断，陷入徒劳无益的苦思冥想之中。但是，由于规律、事理都有其对应的物质显现，都蕴含于一定的事物现

① 陶伯华，朱亚燕．灵感学引论［M］．沈阳：辽宁人民出版社，1987：43–61．
② 傅世侠，罗玲玲．科学创造方法论［M］．北京：中国经济出版社，2000：315–319．

象之中，一旦主体受到某种事件的触发，就可能重新提取思维材料，或者重构序链，而这种序链正好对应了"应有"序链，实现了其序链的应有功能，问题也就因此而获得了解决。由于这种重新提取或重构过程的发生极其突然，既无思想准备，又不是逻辑能予以解释的，致使灵感带有了极大的神秘性。也正因为其"既无思想准备，又不是逻辑能予以解释的"，所以，很多科学家在进行科学创造时，更多地相信的还是自己的直觉，而并非一定都靠灵感去解决问题。因为科学的东西是要求能重复而且是合逻辑的。

所谓顿悟（insight），又称为顿悟的闪现（flash of insight）是指认知主体对事物之间本质关系的认识和反映，并且，这种认识和反映是在倏忽间完成的。认知主体之所以能在倏忽间完成对事物本质关系的认识和反映，是因为认知主体在认知周围事物，特别是解决某个问题时，不是单纯局限于近前的细节，而是从整体情境结构关系角度作全方位的观察或关注，这样问题解决者才有可能在突然间从旧的情境结构中产生出一种更为符合现实需要的，或有可能使问题得到解决的新的结构关系，亦即格式塔心理学（gestalt psychology）① 家们所说的并不需要通过一定的思维过程就能呈现出来的，所以，人们更为习惯地称之为"顿悟的闪现"，或径直地称之为"顿悟"。最早从心理学角度研究顿悟的格式塔学派，对顿悟的研究有两个特别重要的贡献：一是他们强调了顿悟过程中认知的主体性或主体的积极主动性；二是强调了主体在认知中自上而下地全方位把握客观事物本质关系的重要性。

傅世侠教授认为，灵感与顿悟是既有区别又有联系的。其区别在于："灵感作为一种心理状态，它反映的是主体的一种心理感受。而作为心理感受，灵感除了具有偶发性和瞬时性特点外，最主要的还是其情绪性特点对于主体自身所产生的影响，而这种影响原则上并不与其思维内涵发生直接关联，或者说，灵感与思维并不具有直接的相关性。另一方面，灵感虽也有种种外在表现，诸如'迷狂'或所谓'神经性发作'等狂态表现，但那仍只是

---

① 格式塔一词系从德文"gestalt"音译而来，有格式、形式或形状，完全或整体，以及组织和结构等多种含义。在汉语中，也有的将其译为"完形"，所以，该心理学派又被称之为"完形心理学派"。

一种内心状态的外在化，同样不涉及主体的思维内涵。所以，从内心感受到外在表现，灵感都是一种属于个体本身的特殊心理状态，因而，必定极大程度地受到主体的情绪以及个性特征等制约。"然而，"顿悟现象却不像灵感那样具有鲜明的个体差别。换言之，在正常情况下，一个人能否产生顿悟并不一定受其情绪特点以及个性特征的制约，而完全有可能根据一定的条件而对之进行控制、诱导，乃至训练。或者说，顿悟并非是某种内在心理感受或心态，它是主体面对客体或面对某个问题而产生的一种以一定行为方式表现出来的领悟"①。曾任沈阳建筑工程学院教授的罗玲玲认为："灵感一般要受到外界事物的启发……因此，伴随着灵感的是极强烈的情感……伴随顿悟的是平静的喜悦……灵感与顿悟的最主要的区别是：顿悟得到的是'是什么'的回答，包括'是什么性质的问题'，'是怎么一回事'和'是谁'，'是什么时间及地点'和'是多少'。灵感得到是'怎么办'的答案。"② 至于二者的联系，傅教授认为："灵感尽管只是一种心理状态，但却不是一般的心理状态，灵感的出现其实是受着主体所追求的目标指向制约的。而这种目标指向，往往也就是顿悟的归属。"③

关于直觉，《美国哲学百科全书》曾作了内容丰富而全面，但显得过于芜杂繁琐的界定：直觉这个术语最宽泛的定义是"顿悟"（直接的领悟、理解）。这个定义可以再具体化为下列三种含义：其一是知觉，作为与感性实在的判断能力相区别的认识能力的产物。其二是普通的感觉，或如康德那里的空间、时间那样的非感性物件——直觉是我们关于检验真理的直接知识的必要条件。其三是与上述两种直觉不同的神秘的或无法表达的含义，对于直觉到的本体无法构成命题真理的可能知识——诸如柏格森（Bergson，H.）的无法表达的感知绵延，又如费希特（Fichte，J. G.）超越自我的直觉和关于神的神秘直觉等。

---

① 傅世侠，罗玲玲. 科学创造方法论［M］. 北京：中国经济出版社，2000：323 - 325.

② 罗玲玲. 创造力理论与科技创造力［M］. 沈阳：东北大学出版社，1999：113.

③ 傅世侠，罗玲玲. 科学创造方法论［M］. 北京：中国经济出版社，2000：323 - 325.

傅世侠教授认为，"在我国，灵感、顿悟和直觉等原先都与宗教教义密切联系在一起。教义中，对直觉含义的理解，主要强调它是个体的人如何'求诸于内'或向'内'的思索，并以此区别于'求诸于外'或向'外'的思想交流"，而"在英语中，直觉则包含了'直观'和'直觉'两层意思，并且两层意思是逐次递进或逐渐深入的。具体而言，所谓直观或直觉，即是指认识主体通过对事物的直接观察，一下子从其完整而全面的外在形象上，通过结构化或模式化的全方位把握，觉察和领悟到其内在的某种规律性或本质"。① 我们的理解是：简约的直觉就是直接的觉察，就是集自己的知识、经验和能力一下子抓住客观事物的真谛。实践中，经常出现的所谓"第一印象"，便属于这种意义上的"直觉认识"。"第一印象"虽然缺少对对象较长期的和深入的了解，但事后的事实却证明，它往往最能反映对象的本质特征。

从"第一印象"这类直觉认识中，我们不难看出直觉思维的一些特质：其一是直接性，思维者直接获得某个认识而没有通过一步步的逻辑中介；其二是突然性，思维结果产生得很迅速，思维对所进行的过程无法作逻辑的解释；其三是综合性，思维者不着眼于细节的逻辑分析，而从整体上对认知对象进行把握。

傅教授认为，"直觉如同灵感和顿悟一样并不神秘，它在本质上也是任何常人都可能体验到的正常的心理现象。如同顿悟，直觉这种认知能力，在一定程度上，也是可以通过培养、训练，尤其是个人的特殊锻炼而得到发展和提高的"。这种瞬然领悟的能力之所以也可以通过培养、训练，尤其是个人的特殊锻炼而得到发展和提高，是由直觉特殊的生成机制所决定的，具体而言，"（1）直觉是对客观事物的本质联系或所求解问题内在规律性的理解；（2）这种理解来自于经验的积累；（3）只有当经验积累到一定程度而达到理性与感性产生共鸣时，才会出现那种突然间豁然贯通的顿悟式的直觉理解或认识"。这样看来，"人的直觉……不过是主体在认识过程中从客体到主观，从感性经验到理性升华的长时间认识积累过程中，于突然间产生了感性与理

---

① 傅世侠，罗玲玲. 科学创造方法论［M］. 北京：中国经济出版社，2000：323 - 325.

性的共鸣，或是感性经验与理性领悟出现了重叠、交融或谐振，于是表现为一种瞬间外显的'爆发式反应'"。①

基于上述，我们可以将灵感、顿悟及直觉的特点归结为两点：其一，灵感只是思维运演过程中的一种特殊的心理现象，不存在所谓的灵感思维，而顿悟和直觉则是思维运演过程中的特殊环节，如果将思维过程中的某一环节放大，从非严格而言，也可以称之为顿悟思维或直觉思维，但若从严格意义论，即必须把思维框定为"一个过程"，则仍不能说顿悟及直觉是一种思维的形式或过程，它们只能是思维的一个环节而已；其二，不论是灵感抑或顿悟、直觉，虽然它们有在顷刻间把握事物本质的一面，但是，我们也要看到，它们同时也有或然性的一面，也就是说，它们的结论并不一定都是正确的，从中得到的结论还必须接受逻辑思维和实践的检验，才能真正解决问题，作出科学的创造。

本章小结

曾有一位世界著名的科学家在北京大学演讲时说过：现代科学面临着四大难题，即宇宙起源问题、生命本质问题、思维奥秘问题及人的幸福感问题。不幸也可以说有幸的是，本著就涉足了其中的三个难题之多。上一章，我们在现代宇宙学和非线性动力学等现代科学成果的基础上，以哲学的视角，从宇宙的起源史维度描述了自在自然存在的状态，揭示了自在自然有结构的或有序的存在方式。这一章，我们在认知心理学、人工智能及现代脑科学等学科的基础上，对思维要素及其运演的过程作了宏观的梳理和阐释。行文至此，仍有些问题需要进一步作出说明。

一、自由思维运演机制的简要总结

由于人脑是高度发达而且极其复杂的思维器官，所以，人的大脑能够承

---

① 傅世侠，罗玲玲. 科学创造方法论［M］. 北京：中国经济出版社，2000：323 - 325.

担着极其精妙的思维加工任务。唯物论坚持认为，大脑是思维的物质基础，思维是大脑的机能。

尽管大脑是思维的唯一器官，但这并不意味着思维的所有活动就完全框定于大脑之中，即思维活动完全起于大脑又止于大脑。我们以为，思维活动应该是起始于人的感知觉，没有感知觉的人就谈不上思维。准此，我们就可以对思维运演的起始阶段作这样的描述：首先是感知觉对被感知的对象进行感知，并提炼加工成感知觉的表象或意象，感知觉的表象或意象通过生理或心理的选择，经记忆的识别和编码而被储存在大脑之中，并由此而构成了思维的物质基础，即思维的最为客观的运演材料。思维有把感知觉的表象或意象进一步加工为二级、三级、四级等更多级别的、逐渐远离感知觉所感知对象的内心意象的能力，并构造出无数的内心意象，这是思维运演的次客观（从根本意义上是来自于客观的）材料。正是有了这些材料，思维才摆脱了"无米之炊"的困境，能够自如地运演——构建、创造或创新。

"思维"始于"问题"。当思维主体面临问题时，思维便从大脑中提取认知积累的或内心加工的表象或意象，构成问题空间。如果我们把所有思维的材料都称之为信息的话，那么，解题的过程就是选择、提取已有信息、收集并补充信息，进行加工、重组和构建信息的过程。信息提取既可以用直接的方式，亦可以用间接的方式。由于感觉记忆（瞬时记忆）和短时记忆容量是有限的，因而感知觉的表象或意象的绝大部分是储存在长时记忆之中的，所以，问题解决过程中的记忆提取，常常需要使用间接的提取方法，如联想等。提取记忆信息不是问题解决的目的。非常规的问题解决要求思维必须能够对内心意象进行"创造"。自由思维的"自由性"也正是体现在这时的"毫无拘束"的创造上。想象是实现思维创造的主导通道。思维主体通过联想而将各种各样的感知觉表象或意象，以及由思维所加工重组的内心意象联结到一起（当然，不同的人所联结的数量和质量是不同的），在此基础上想象将进行再加工或重组，从而产生出有可能导致问题解决的方案。直觉因其能够从整体上，并能够突发地解决问题而成为想象中的特殊形态。灵感和顿悟是诱导直觉诞生的重要因素。灵感与直觉的中介是顿悟。我们可用如下模式简要地描述自由思维的大致行经流程：思维材料（由感知觉形成的表象或意象、心理加工的内心意象）——材料储存（记忆）——问题（自由思维解题之始）——提取记忆（联想等）——思维加工（想象）——问题初步解决（想象的创造）——某个（一段）思维过程结束。

问题的解决能否成立，要靠逻辑思维及实践去评判或检验。这就超出我们所框定的自由思维的范畴，不在我们的描述之内。

自由思维的全过程应当有两个系统：一是材料的收集加工系统；二是围绕问题解决的思维运演系统（或曰构建系统）。在实际思维中，选择、收集、加工与构建并不是单向或单一地进行着的，作为并联式运作的人脑，有能力而且也确是双向或多向地同时进行着。我们建立的这种思维运演的模式，仅仅是为了阐述的方便而作的形而上学的处理。

二、自由思维研究的形而上学方法

很显然，在对自由思维过程的研究中，我们采取的是典型的形而上学研究方法。这种研究方法不仅体现在把思维相对静止下来，而且还体现在分割和解剖方面。比如，我们将思维的材料解剖为感知觉的表象或意向，再将这些表象或意向放到记忆库之中。接着又将它们从"仓库"中提取出来进行加工等。无疑，这种解剖是不符合思维过程原本状态的，是在曲解着自由思维的。因为，思维本应该是动态的、连续的、逻辑与非逻辑交融的。自由思维研究的形而上学方法还表现在我们对思维的结构性和功能性方法的研究中。仅就功能性研究而言，实际上我们很难追溯一个人或一些人在创造活动中细致的心理历程，因为"追忆"和"边思边说"的办法都存在着根本性的困难。但是，如果我们不作这样的割裂、静止，乃至于片面化，我们就无法对动态的、连续的及整体的思维作出相对清晰的说明。因此，这样的研究方法实在是不可以如此却又不得不如此的方法。

考察自在自然的存在方式和自由思维的运演过程，虽为我们回答"创造何以可能"奠定了客观基础，也为我们更为清晰地分析"创造在哪儿"作了铺垫，但这种基础与铺垫相对于我们的追问来说，仍不够显然与明晰，我们还有对其作进一步明晰与展开的必要。

第三章

创造在哪儿

通过对自在自然的存在状态和自由思维的运演方式之考察，我们可以隐约地发现两者在结构上有着某种极为精彩的对应性。那么，这种对应之于思维创造有何意义呢？思维的"创造"究竟表现"在哪儿"呢？在阐述我们的观点之前，让我们先对前述的内容作一些概要的回顾，以便为后面所要说明的问题作学理上的铺垫。

第一节　思维创造的可能性

思维之所以能够创造，或者说，思维的创造之所以会发生，是由其主观与客观两方面条件共同作用的结果。这种共同作用也可以视为思维创造可能性的依据所在。

一、思维创造的对象可能

让我们先来重温一个科学史上的伟大事件。

19 世纪中期，随着化学实验的发展，新元素不断发现，人们认识到的化学元素已多达 60 多种，并且积累了极其丰富的关于元素性质和原子量方面的经验资料，但对化学元素性质方面的认识仍然是零散的、孤立的。1869

年，俄国化学家门捷列夫①和德国化学家迈耶各自独立地提出化学元素周期律。其要点是：（1）按照原子量排列起来的元素在性质上呈现明显的周期性；（2）原子量的大小决定元素的性质；（3）某些同类元素将按它们原子量的大小而被发现；（4）当知道了某元素的同类元素之后，有时可修改该元素的原子量。

元素周期律揭示了各种元素之间的内在联系，为元素性质的研究、新元素的寻找、新材料的探索提供了一条可循的规律。门捷列夫自己就曾据此果断地修正了一些元素的原子量，并大胆预言了当时还未知的 3 个元素的存在及其性质。这些修正和预言都为后来的实验所证实。在科学史上，门捷列夫预见新元素曾被传为佳话。

元素周期律公布之后，经过科学界的反复检验，证明它与客观实际情况是基本相符合的。可是，后来人们发现，有几个元素并不是按原子量大小的顺序排列的，而是按原子量递增的顺序颠倒过来的。比如，钴和镍、碲和碘就是这样。此外，英国化学家莱姆赛和物理学家瑞利（Rayleigh, J. W.）合作，在 1894 年（也有人说是在 1895 年）发现了惰性气体——氩，测定了它的原子量为 39.9，若是按照门捷列夫元素周期律，应该在钾和钙之间。可是，钾和钙之间没有它的空位，而按其性质则应排在钾之前才符合实际。1913 年至 1914 年，英国物理学家莫斯莱（Moseley, H. G. J.）用 X 射线测定了原子核所带正电荷数目，根据各种元素 X 射线谱的特征进行排列，发现原子核内的单位电荷数才是周期表中元素排列序数的根本依据，而不是原子

---

① 1867 年，圣彼得堡大学的化学教授门捷列夫因著作一部普通化学教科书，而苦寻当时已知的 63 种元素之间的合乎逻辑的组织方式。在几次失败之后，他想将性质类似的化学元素归类成族，然后分到各个章节去写。于是，便将各种元素分别做成卡片，上面记载着各种元素的原子量等性质，这些卡片就是所谓的"门捷列夫扑克牌"。之后，他用牌阵的方法，先把常见的元素族按原子量递增的顺序拼凑在一起，然后排除其他不常见的元素族，最后剩下了稀元素。这时，他发现相似元素依一定间隔出现的周期性。门捷列夫从个别元素到相似族，再比较不相似的元素族，"异中求同"，找出了差别与顺序，这种依一定差值（原子量）增加的顺序便显现出规律性，这就是所谓的元素周期律。这一切发生于 1869 年 3 月 1 日，史称为"伟大的一天"。

量。又过了 3 年，德国化学家柯塞尔把原子序数（核电荷数、质子数）① 引入化学元素周期系统中，将门捷列夫化学元素周期律改写为：元素的性质随着元素的核电荷数的递增呈周期性变化。作为元素周期律的真正基础是原子序数，而不是原子量。元素的化学性质是原子序数的周期函数，是随最外层电子数目的周期性变化而有规律地变化着。而元素性质周期性变化是电子壳层结构的表现。原子序数所代表的就是各种元素的原子核外电子数。人们进一步研究发现：元素性质的周期性变化其实是原子核外电子壳层结构的表现，是核外电子排布具有周期性的缘故。当今，随着原子价电子理论和化学键理论的建立，尤其是现代化学的发展，人们对元素结构的了解已经相当深入了。

人类对元素性质的认识史大致经历了这样几个阶段，即由宏观的物到微观的分子、原子，由各自独立的 60 多种元素，到通过原子量而发现其中的规律性，由修正原子量而到原子序数的认识进而真正揭示不同元素之所以会形成周期规律的原因，乃至于随着当今原子价电子理论和化学键理论的建立，对元素性质取得更为深刻的认识……

在"自在的自然如何存在"一章里，我们已经指出，人类生存着的世界是由"浑沌"的物质系统演化而来的。这个物质系统中的任何事物都是以一定的结构方式存在着的。不存在无结构的事物。而在我们看来，"结构性"就是有序性。有序化的存在是事物存在的本质所在。

人类对元素性质的认识史再次为人类对自在自然存在状态的认识理念提供了佐证。尽管是极其羞涩的，自在的自然最终还是向我们展现了它的有序图景：从宏观的无序（整体的、一般的物——混沌）到中观的有序（分子、原子的结构），从中观的有序的无序（60 多种元素之间是零散的关系），再到序元排列而显现出表象性的有序（门捷列夫元素周期律），通过发现其内在序律而揭示了有序之因（原子序数），真正把握元素周期律，进而有科学

---

① 原子序数：按照核内的单位电荷教，对元素进行顺序排列。这种元素排列顺序，后来称为原子序数，即原子序数等于核电荷数。某元素的原子序数与该元素原子核外的电子数目是一致的。

依据地对序元调整、新序元预测作出学理性说明……

任何有序的事物都可以从几个角度为我们所认识或把握。这几个角度就是：序元、序链及序律。序元角度的把握是对事物基本构成要素的把握，是解构性把握。这种把握的优点在于：可以清晰了解事物构成的最基本单位，进而能够从"最基本"的角度认识事物。序链角度的把握是对事物结构的整体性把握。其优点在于：可以从整体上认识事物，尤其是事物的功能与性质。序律角度的把握是对事物结构与功能内在规律性的把握。不论从结构上还是从功能上，事物总会呈现出一些规律性。序律正是事物结构或功能的规律性的体现。在对具体事物的认识中，我们既可以从某个角度单独入手，也可以是几个角度综合地进行。从元素到元素周期表，由元素周期表到元素周期律，它的发现路径可概括为：序元→序链→序律。

序的图景表明：由于序元的独立性，同一个序元可以不同的方式加入到不同的序链之中，并呈现出不同的功能；作为事物结构的构成单位，序元的"独立性"是相对的，即在这个序链中，它可能是作为一个序元存在，而在另一个序链中，它又可能就是一个独立存在的小序链。序元的这种可变的性质，使事物的存在方式具有无穷无尽的可能性。而现实世界只不过是其中的一种存在形态而已……

自在自然有序而又有无限可能的存在方式，为我们在头脑中重构主观的"事物"——匹配序元，构建序链，以使之产生出我们所期望的那种功能，提供了坚实的客观基础。"人们还在设想，这里所研究的是人类精神的纯粹的'自由创造物和想象物'，而客观世界绝没有与之相适应的东西。可是情形恰恰相反。自然界对这一切想象的数量都提供了原型"①。恩格斯在《自然辩证法》中的这段名言，正是对人类创造发明的客观基础所作的哲学说明与概括。

思维的创造物与自然的存在物之所以会出现结构同型的对应性，并不是出于我们一厢情愿、牵强附会的类比或类推。其中的道理列宁早已有过说明："如果我们注意到思维和意识是'人脑的产物'，而人本身是自然界的产

---

① 恩格斯．自然辩证法［M］．北京：人民出版社，1971：245.

物，那么，我们发现思维规律和自然规律相符合，就是完全可以理解的。很明显，人脑的产物，归根到底亦是自然界的产物，并不同其他的自然界的联系（Natur zusam-menhang）相矛盾，而是相适应的"①。

二、思维创造的逻辑可能

追溯人类思维发生史，我们发现，与人类进化相伴而生的首先是非逻辑思维的幻想与想象。幻想是想象过程中的一种表现。它可以是摆脱任何现实原型的束缚，大胆塑造现实中似乎毫无根据地但却合理地指向事物未来发展的新形象。② 基于此，我们认为，所谓幻想思维形式，就是一种以经验知识为基础，不受逻辑规则与规律的约束，而在主观世界里构建着表象与表象之间、意象与意象之间的超现实因果联系的思维形式。这种思维形式是人类在经验知识的积累尚未达到充分丰厚的情况下对事物的内在联系所作的随意式构建。虽然，这种思维形式缺乏严密的逻辑性，但它对人和人类社会的发展却起到了巨大的推动作用。也就是这种思维形式，孕育了逻辑思维无法给予合理解释的思维创造。③ 为了更好地说明这个问题，我们不妨简要地回顾一下幻想思维形式发生、发展的历程。

据当代史前史研究的学术成果，幻想、想象思维形式发端于旧石器技术时期。旧石器技术的特点是打制。打制石器固然需要经验知识，比如，选取什么样质地与形制的材料，使用什么样的方法，以及从什么角度、用多大力度等，但经验知识始终不能解决打制结果的不确定性问题。在打制中，失败是常有的事。每次打制，打制者心目中总会悬着最理想的形制，总是幻想成功。正是出于这样的因由，打制者才会失败了再干，并且在再干下去中获得成功。这种由想象力推动着意志去实现行为目标的思维形式，就是幻想或想象的思维形式。显然，这里的原材料（现实对象）与理想形制（思维主体构建的主观对象）之间，是不能靠逻辑规则建立起因果联系的，它们之间的因

① 列宁. 唯物主义与经验批判主义［M］. 北京：人民出版社，1956：149.
② 傅世侠. 创造. 想象. 激情［N］. 自然辩证法报，1983：8，25
③ 王习胜. 虚概念生成的思维机制初探［J］. 九江师专学报，1999（4）. 同时参见中国人民大学报刊复印资料. 逻辑［J］，2000（2）.

果联系只能靠幻想与想象去建立起来。我们可以想象的是，如果没有幻想、想象的思维形式的参与，人类不可能完成旧石器制造的行为模式。①

物质生产领域里的幻想思维形式，同样活跃在社会交往范畴的形成过程中。史前史研究中发现，最早出现的否定性行为规范——性禁忌和食物禁忌，也是幻想思维的结果。狩猎生产，特别是集体狩猎是一种组织严密、计划性很强的活动。如果其中出现了两性关系，则被认为是不吉利的。但是，这与生产者心目中"理想目标"之间并不存在直接经验事实的支持，此时，只能用幻想思维形式探求造成狩猎失败的原因。于是，人们开始对以往相干与不相干的经验事实进行搜寻，最后，终于在生产选择的压力下选定在某类经验事实上，并通过公共意志建立起一种带否定性的"经验对象"——这里就是两性关系。由此，狩猎生产上的性禁忌规范就形成了。食物禁忌规范的产生也大约如此。当幻想思维形式进一步成熟的时候，综合各种社会规范的统一的象征符号——图腾便诞生了。以中华民族的图腾为例，据著名学者闻一多考证，仰天嘶啸、飞腾蟠舞、神貌威严的龙，便是华夏先民在洪荒蛮古与兽为邻的时代，集多种动物的要素精华，如鹿角、马脸、牛眼、虎嘴、虾须、蛇身、鱼鳞、鹰爪等于一身而幻构出来的。图腾出现之后，便逻辑地升华为灵魂不死、灵魂与肉体分离的观念，并最终导致了人本身的神化。

从幻想、想象思维形式的发生和发展史中，我们可以看出：幻想思维形式的特点与思维创造的特性是相符的。从上述材料中我们可以归纳出幻想思维形式的两个基本特点：一是它依据于经验、感性知识，又超感性、超直观；二是它有着十分具体的理想目标。幻想的过程，就是将心目中的"具体的理想目标"与起于经验、感性知识，又超感性、超直观的感知觉材料进行构建整合的过程。而我们今天所理解的思维创造，也正是如此。

基于上述，我们以为，幻想思维形式的"幻想性"是思维创造的"温床"。只要人类有幻想、想象存在，那么，思维的创造就会逻辑必然地发生。

---

① 蔡俊生．人类思维的发生和幻想思维形式［J］．中国社会科学，1997（1）．

三、思维创造的生理可能

除了客观对象上的可能性，主观思维上的逻辑必然性之外，思维之所以能进行创造，还得益于思维器官的功能。人类思维器官的创造性功能，是人类在长期进化过程中积淀形成的。也正是人类思维器官具有创造性，并凭借这种特殊的功能，人才成为万物之灵。

相关学科的实验研究已经清晰地揭示了人与一般动物在感知器官上的思维功能的差异。动物心理学家，掌握着许多普通动物不顾整体情境而只反应某一局部或只反应背景上的一个特点的例子。比如，廷伯根（Tinbergen）就曾举例说明过一些动物的有趣行为：刺鱼在与侵入其领域的雄性对手进行斗争时，它们只对入侵者腹部的红色发生反应。由于只对整体情境中的一部分发生反应而忽略其他，这就可能造成错误，比如，实验者放进人工制作的红色物体，结果引起了同样的争斗反应。然而这些鱼的感觉器官是能观察到整体情境的。对于这种鱼来讲，重要的不是整体情境而是驱逐雄性入侵者。所以，在战斗中，观察、识别、认知和反应的只是整体中的一部分——红色。此时，把对"红"的知觉刺激作为了统一体。再如，蛾子总是趋向灯光，尽管它们可能与炽热的灯泡相碰而被烧死。人们常利用这些动物只对周围环境当中单一部分发生反应的缺陷来诱骗和杀死昆虫。在粘蝇纸的例子中，苍蝇只对纸上的甜物产生反应而不对诱骗的粘物产生反应。动物心理学家认为，在进化初期，极有可能的情况是，动物有机体首先反应的是明显的部分，把它当作了整体，而对其余那些被体验为没有差别的部分则反应为微弱。那些被低等动物反应为无差别的情景在我们人类看来好像是片断。因为，这些动物不会抽象，它们只能以一种低级方式对一些从背景中区分出来的简单刺激做出反应。

实际上，人在婴儿期也可能会发生某种类似的情况：知觉感受为背景的那些部分不仅包括了无区分的部分，而且还包括了尚未被组织成整体的部分。这些部分在成人眼中可能是片断。斯皮茨（Spitz）令人信服地证明，三个月大的婴儿不能观察到母亲的整个脸部，而只是观察到她的前额、眼睛和鼻子。这些片断构成了母亲的信号、一个前客观对象。冯·森登（Senden，

V.）还考察了因先天白内障而失明的成年人。当他们治愈而初见光明时，并不能确认椅子、桌子这些整体对象，而必须观察、逐渐熟悉物体的许多部分后，才能认识到这些部分构成的整体。这种先天失明的人从治愈到接近正常视知觉的最短时间大约是一个月。因此，在我们眼中显示为统一体或整体的客观对象，并非始终在动物的进化和个人的发展中都被体验为统一体或整体。一棵树是一个整体，尽管它还包括了许多枝叶；一只动物是一个有机体，尽管它由身体的各个部分所组成，等等。产生一个统一体的知觉，首先得把一个对象和背景区分开来。对于个体的人而言，这种分辨能力可能是先天的。① 对于人类整体而言，这种分辨能力却是长期进化积淀的结果。这方面的进化首先体现在人的感知觉的能力上。

生理学家和心理学家告诉我们，任何一个呈现于我们面前的感知觉形象，看起来简单，其实并不简单。如海伯（Hebb）所指出的，知觉的简单性与直接性并不表明生理过程的简单。知觉包括了介于感性刺激和有意识注意之间的诸多复杂过程，我们觉察到的只是这个过程的最后阶段。而在觉察之前的所有阶段并不为我们所知，其中包括一个过滤的过程，它能使我们得到以下后果：（1）把某些刺激记下来；（2）把其他一些刺激删除掉；（3）对那些被记录下的边缘的感性事件加以组织；（4）构成一个完形的或整体的经验；（5）这样一来，感受到的对象就有了恒常性。也就是说，不管我们从近处或远处观察，它都显现出同样的形态。而一般动物则不具备这样的知觉功能。

感知觉的"过滤"有生理和心理的两方面含义。从生理方面讲，就视觉而言，眼光只能集中于可见世界的一个小小片断，作为思维整理加工材料的一部分，眼睛已经帮助思维排除一些不必要的繁冗信息。此外，眼睛对物象有非凡的融为一体的能力，人们看到的虽然只能是一连串的物象，但却不至于有很多片断拼凑起来的感觉，而是一个完美的整体；就心理含义而言，视觉至少有两个重要倾向：一是要求完整的倾向；二是按照自己的经验、希望

---

① ［美］S. 阿瑞提. 创造的秘密［M］. 钱岗南译. 沈阳：辽宁人民出版社，1987：52 –54.

和知识框架去认识事物。美国科学家范茨（Pantz，R. L.）的实验表明，即使初生的婴儿对人像也比用杂乱无章的图案构成的类似形状更感兴趣。而个体婴儿知觉的选择性应是人类思维认知和创造性进化的浓缩。

客观上的可能，主观上的必然，加之生理条件的进化与积淀，人类进行科学创造活动的条件已经具备，只要面对问题，思维的创造便会成为一种现实的可能。人类生存的目的性决定了创造不是人的偶然特征，而是人的本质力量的真正体现。

第二节　思辨与实证的解释

在分析了思维创造的主客观可能性与必然性之后，我们再从"虚"与"实"的两个方面，即思辨哲学家对创造问题的解释，以及从事科学创造实践活动的科学家对其创造性思维过程的描述导引"创造在哪儿"的答案。

一、哲学家的思辨阐释

创造的神秘性，深深吸引着睿智哲学家的注意力。出于不同的目的，以不同的视角，哲学家们解释着各种各样的创造。但是，关于世界的创造和思维的创造，仍是被解释的创造之主体。在西方哲学史上，对思维的创造问题，柏拉图、亚里士多德和黑格尔（Hegel，G. W. F.）的解释尤为精彩。

柏拉图认为，有两个世界，一个是我们感官所感知到的、变动不居的具体事物的世界，其实它是不真实的；另一个是独立存在于事物和人心之外的"理念"世界，它才是真正真实的世界。当然，这样的世界是不能为我们常人所能感知到的。具体事物的世界与理念世界之间是原型与摹本的关系，即个别事物只是其理念的不完善的"摹本"或"影子"。① 柏拉图对世界的创造是用"印刻"说解释的。

原型的理念世界如何"创造"出摹本的具体事物世界的呢？柏拉图说，

---

① 全增嘏. 西方哲学史（上）［M］. 上海：上海人民出版社，1983：134－141.

那是"巨匠"或"造物主"为了要体现善，以善的理念为指导，以理念世界为蓝本或模型，将各种理念的模样"印刻"在原始混沌的"物质"上，从而构成了宇宙万物，形成了一个有序的世界，即我们能够感知到的这个具体事物的世界。撇开柏拉图解释中的唯心成分不说，他并没有进一步解释清楚"巨匠"或"造物主"（即便不是真正的创造主，至少是建筑师）究竟是如何将理念"印刻"（创造）出这个具体事物的世界的，即"印刻"（创造）的机制是什么，这实在是一大憾事。

亚里士多德认为，柏拉图的解释不能说明事物的存在和运动变化，因为理念是与个别事物相分离的。他认为，要说明事物的存在，必须在现实事物之内找原因。他说，任何事物都是由四个原因形成的，即质料因、形式因、动力因和目的因。所谓质料因就是事物的"最初基质"，即构成每一事物的原始质料，是它构成了其他物件而其本身仍然继续存在，同时它本身又并没有任何特殊的规定性，仅仅是一种材料而已。犹如建房屋用的砖瓦砂石；所谓形式因是指事物的形式结构，"事物的形式或模型"，如房屋的图样或模型。形式也可以看成是事物的结构，没有结构，散漫的东西就不能构成"整体"，不能表现出事物的本质；所谓动力因是指使一定的质料取得一定形式结构的力量，是事物"变化或停止的来源"。比如，建筑师就是房屋的动力因。所谓目的因是指某种具体事物之所以为某种形式所追求的那个东西，也就是它的产生是为了什么目的。显然，建房屋是有我们的目的的。

"四因"可以进一步归约为二因，即质料因与形式因。动力因和目的因都可以归之于形式因。因为形式因是指事物的本质、结构，而目的因就是事物本质的实现，事物所追求的目的，就是它的形式确定的表现；动力因是指事物变化的原因，而事物之所以变化，就是由于它要趋向于一定目的。目的本身便是事物变化运动的原因，因此目的因便是动力因。这样，三者也就可合而为一了。由此看来，一件事物的形成过程，也就是质料的形式化（质加上型），以求达到其自身的目的的过程。

质料是消极被动的基质，形式是积极能动的本质，形式给质料以规定性，质料才能成为某个个体。质料本身虽然不是任何个体，但它可以形成一切个体，可以说它是潜在的任意个体；形式使质料确定而形成某个个体，使它转化为现实。质料与形式的关系就是潜在与显在的关系。质料的形式化过程，或者说从质料到形式的过渡，便是从潜在的东西发展成为现实的东西的过程。亚氏认为，事物的生成变化不是从无到有，而是从潜在的有到现实的有，换句话说，也就是质料的形式化。① 概括地说，所谓创造就是缘于一定的目的而进行的"质料"的"形式化"。

黑格尔在其《精神哲学》中对自由精神的产生与发展，乃至于如何实现其自由本质问题作了研究。撇开他的目的——以主观精神客观化来解释现实的世界，他对自由精神创造过程的阐述还是非常精彩的。

黑格尔所谓的"精神"，就是指人的意识或认识，"精神活动就是认识"。"认识"发现它的内容是现成的、被给予的，但是"认识"的目标却是要把这些内容设定为它自己的。认识的"设定"（发展）过程有三个阶段，即"主观精神""客观精神"和"绝对精神"。关于思维创造的机制性问题，主要体现在"主观精神"阶段。

在"主观精神"阶段，"精神"的对象不是独立的、外在的。"精神"只是在主体范围之内区分主体与客体，此时的"精神"已"超出了外在对象的纠缠"，"超出了物质，作为它的概念而展现出来"。直观、表象和记忆等才是精神本身的能力或一般的样式。直观是指对多种多样的外在对象的整体性把握，是充满"理性的确定性"的。"直观"具有两个因素，一个是"注意"，即精神集中于某一方面的凝神状态，使对象成为精神自己的东西。另一个因素是把单纯主观的内部感觉之内容规定为外部存在着的东西，即投射到外部时间与空间中。简要地说，就是理智把感觉的内容规定为产生于自身的东西，理智又同时把这个内容投射到外在的时间与空间中去，时空乃是理智进行直观的形式。直观就是"理智"达到这两种因素的具体统一。但直观并没有把对象的内容加以展开，还不能对事物有真正的认识。

"理智"向前发展成为"表象"。"表象"是一种"回想或向内的直观"，是把外部存在的东西变成主观内部的东西。

所谓"回想"，就是把原先存在于外部时空之中的东西放入到自己的时

---

① 全增嘏. 西方哲学史（上）[M]. 上海：上海人民出版社. 1983：185 - 194.

空中，也就是把"直观"中的东西变为主体内部的"图像"。此时的"图像"已是失去了"直观"中所固有的全部规定性，"脱离了它原先的直接性和在他物中的抽象个体性"（即从背景物中被主观的理智所抽象出来，与背景物脱离开来）。同时，"图像"在瞬间出现之后，便沉入到主体的无意识之中，主体随时随地都可以将它"回想"起来。"图像"自身是"易逝的"，当它消逝之后，就潜藏在下意识之中。在黑格尔看来，直观中的东西只是个别的，此时此地的东西，但同一个图像在任何时间和任何地方一经别的东西的刺激，都可以被主体从下意识中"回想"起来，因此图像便具有了普遍性和可重复性。当然，这里普遍性还不是真正的普遍性，因为它还尚未达到概念的普遍性。

精神的创造主要在于"想象力"。所谓"想象力"，是指精神支配"图像"的能力。"想象力"分为三个环节，即"再现的想象力""联想的想象力"和"能创造符号的幻想"。"再现的想象力"是精神能够在自身中任意唤起图像的能力，使原先潜在于意识里的图像再现出来。它不同于回想，因为回想需要有新的直观的提醒，才能唤起原先潜藏于下意识中的图像，"回想"的图像是无意识地照原样的回想，而"再现的想象力"则不需要新的直观的帮助，因而图像的出现也带有主观任意性。"联想的想象力"是由于精神的主观创造性，它按照自己的主观意愿，按照图像的特殊意义，把图像自由地联合和归类，使它们产生相互联系，构成规定性存于主体之中。"能创造符号的幻想"是精神把图像当作符号加以运用的能力。精神能够使特定的图像成为符号，使其具有标志普遍物的意义，也就是把特殊的图像与普遍的表象统一起来。

"思想"是"理论的精神"发展过程的最高阶段。在思想阶段，已无图像的理解。它不同于"表象"需要借助图像进行活动，"思想"是超出了图像的。思想活动的材料是语词。语词作为一种可以发声的符号，是一种外在的东西，因而是个别的，但当它进入理智之后，就变成内在的东西，并被提升为普遍性的意义。语词或名称可以说是"直观"与"意义"的结合，这也就从单纯的图像上升到了"思想"的环节。语词作为无图像的符号，其中的特殊图像已经融化于它所代表的普遍物之中。"思想"是普遍的东西与直接存在的东西的统一。① 所以，作为思维创造的结晶，思想可以被客观化而成为现实的东西。应该说，黑格尔关于思维创造过程的论述是十分精彩的，但非常遗憾是，他把这种"精神的创造物"当作了万物的本体，从而使其思维创造的理论落上了一层不该有的灰沙。

二、创造者的经历述说

哲学家对创造机制的解释是思辨的、玄奥的，科学家对其自身创造过程的描述要具象得多。这里我们可以品鉴一个案例。

1945 年，法国数学家雅克·阿达玛（Hadamard，J.）曾给全美国的著名科学家寄去了问卷，要求他们回答在自己的创造工作中使用的是什么类型的思维。其中，阿尔伯特·爱因斯坦——20 世纪最伟大的科学家和思想家之一，作了如下回答。

（A）在我的思维机制中，作为书面语言或口头语言的那些语词似乎不起任何作用。好像足以作为思维元素的心理存在，乃是一些符号和具有或多或少明晰程度的表象。而这些表象则是能够予以"自由地"再生和组合的。

当然，在那些元素和有关的逻辑概念之间存在着一定的联系。这一点也是清楚的，即那种要最后得到在逻辑上有联系的概念的愿望，正是上述元素的相当模糊活动的情绪基础。但是，从心理学的观点看，这种组合活动似乎才是富于创造力的思维的基本特征，这种组合活动，即存在于能够传达给别人的用语词或其他符号加以逻辑地结构起来的任何联系之前。

（B）在我的情况中，上述心理元素是视觉型的，有的是动觉型的。惯常用的语词或其他符号则只有在第二阶段，即当上述联想活动充分建立起来，并且能够随意再生出来的时候，才有必要把它们费劲地寻找出来。

是否只有爱因斯坦是用"意象"作为思维的元素进行思维呢？情况并非如此。除了爱因斯坦之外，其他人诸如法国大数学家彭加勒（Poincare，J. H.）等，也都有同样的思维经历。这对只注意逻辑思维的人来说，似乎有些难以理解。其实，这并没有什么好惊奇的。人的思维本来就有逻辑思维和

---

① 全增嘏. 西方哲学史（下）［M］. 上海：上海人民出版社. 1983：277 – 295.

非逻辑思维两种存在形态，爱氏的意象思维正是其非逻辑思维的表现。这一点即便是形式逻辑的创立者亚里士多德也已意识到了。关于意象对于思维的必要性，亚氏在其《论灵魂》（De Anima）中写道："缺乏一种心理上的画面，思维甚至是不可能的，它在思维中的影响，如同在绘画中的影响一样。"①

爱因斯坦和亚里士多德的论述，向我们明示了两个观点：一是有创造性的人在创造性思维过程中，所使用的思维元素（材料）主要是表象或意象，不是语词或其他的抽象符号；二是非逻辑思维的过程（也是思维创造的主要过程），其实就是对已有表象或意象进行加工、改造或重组以形成新意象或形象的过程。

第三节　思维的创造在哪儿

创造终究是人的创造。从思维过程角度而不是从创造结果和创造情景上看，人的创造性究竟表现在哪儿呢？

一、感知觉的创造

从终究的意义上讲，思维的运演和创造，首先是起端于感知觉对外界信息之接收。现代科学已经告诉我们，感知觉不是对感知对象作完完全全的复制，就是说，感知的"信息"并不等同于感知对象本身。就视觉感知而言②，它

---

① ［美］托马斯·布莱克斯利. 右脑与创造 ［M］. 傅世侠，夏佩玉译. 北京：北京大学出版社，1992：38.

② 之所以要以视觉为例，因为以输入大脑信息量的多寡来衡量，视觉感知的信息量应该是首要的。近年来，神经生理学的实验研究也证明，人在一生中所获取的信息，80% -90% 都是来源于视觉。参见傅世侠. 视觉思维及其创造性问题探讨 ［C］. 中国创造学论文集. 上海：上海科学技术文献出版社，1999：75. 故而，美国学者 T. R. 托马斯·布莱克斯科指出："思维，它毕竟是由记忆表象来操作和重组才得以构成的，而对思维加以利用的记忆表象的根本来源，则在于我们的感觉。由于感觉的大部分信息来源是视觉，因而视觉思维便是最为重要和有力的。［美］托马斯·布莱克斯利. 右脑与创造 ［M］. 傅世侠，夏佩玉译. 北京：北京大学出版社，1992：43.

所产生的意象，绝不是对其视觉对象的一种直接"照相"（我们知道，即便是"照相"，"相片"也不同于对象本身），而是一种加工。这里的加工，当是思维创造的最初端。

感知觉会对其感知对象作什么样的初步加工呢？据格式塔心理学的研究，人在面对知觉（如视、听等）对象时，会按照一些基本规律或法则产生一种组织结构。综合起来看，其基本规律或法则主要有5条：（1）图形与背景区分原则。如著名的"高脚杯 - 侧像"。如图3 - 1（a），它表明可以黑色为背景一下子将图形看成一只高脚杯，也可以白色为背景而一下子将图形看成两个相对的人像侧面。此图亦称为"两可图"；（2）邻近性原则。图3 - 1（b）表明，当人面对这一类知觉对象时，会将其看成是3行纵列的圆点，而不是看成6个单行或其他样式排列的圆点。换言之，在时间或空间上相邻近的事物，则倾向于将它们知觉为一个格式塔；（3）类似性原则。图3 - 1（c）表明，由于类似性原则的作用，面对这一类对象，所知觉到的便是两组各自横排的不同圆形，而不是一些纵列的类似性较低的不同圆形；（4）闭合性原则。如图3 - 1（d），本不是完整的或有缺口的三角形，但在闭合性原则作用下，人们会将其知觉成一个完整的三角形，而忽视掉线条间的缺口；

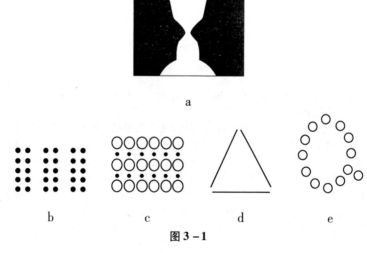

a

b   c   d   e

图 3 - 1

转引自傅世侠、罗玲玲. 科学创造方法论，p. 123.

（5）完形性原则。图 3-1（e）中作大椭圆形排列的 12 个小圆圈，尽管其中之一与另一个小圆圈更为邻近，但在这种条件下，则仍然会自然地把 12 个小圆圈知觉为一个完好整体，而与另一个小圆圈相隔离。换句话说，在这种情况下，"完形趋向"或完形性原则，则更胜于邻近性原则的作用，因为一个完好的整体也就是最为整齐匀称、最为简化稳定的整体。

据此，视觉思维研究者、美国德裔艺术心理学家阿恩海姆（Arnheim，R.）认为："人的视觉绝不是一种类似机械复制外物的照相机一样的装置。它不像照相机那样仅仅是一种被动的接受活动，外部世界的形象也不像照相机一样简单地印在忠实接受一切的感受器上。相反，我们是在想要获取某件事物时才真正地观看这件事物。这种类似无形的'手指一样的视觉，在周围的空间中移动着，哪儿有事物存在，它就进入哪里，一旦发现事物之后，它就触动它们，捕捉它们，扫描它们的表面，寻找它们的边界，探究它们的质地。'因此，视觉完完全全是一种积极的活动。"① 阿恩海姆的研究告诉我们，由视觉而产生的、印刻在人们大脑上的对象图像——意象，其实是一种既具体又抽象，既清晰又模糊，既完整又不完整的形象，是对其感知对象的总体结构特征的一种主动把握。这种把握的内在机制，就是对感知对象进行积极的选择、同化和构造。也只有经过感知觉选择、同化和构造过的外在信息，才能真正被主体吸纳、内化为思维的材料。当然，在主体同化外在信息的同时，主体自身已有的材料也在产生顺应性变化。顺应与同化是辩证地进行的。

由于视觉记忆是把整个表象当成一个单元来处理，因而它还具有保持信息实际意义的功能。据人类史研究，在人类早期的狩猎或采集食物活动中，视觉记忆为其寻找回家的路径，曾起到过极为重要的作用。对季节或是对一天的时间，或是根据改变了的环境而寻求定向来说，视觉的这种识别作用都是必不可少的。在其他变化的形式或背景下，视觉同样具备这种识别事物的能力。无疑，视觉的这种识别事物的能力为思维的创造奠定了基础。思维的

---

① 鲁道夫·阿恩海姆. 艺术与视知觉［M］. 滕守尧译. 北京：中国社会科学出版社，1984：48.

创造性的突破，往往是缘于对感知对象的掩藏在其背景中的某种关系的发现，而这正是视觉思维天然的统摄领域。以构造抽象联系为己任的言语思维，在这里就显得颇有局限了。

人的内心的表象，是人们为了满足思维作业的需要而对感知对象表象作出的修改和建构。人们的视觉世界的活动，是外部客观事物本身的性质与视觉主体之间的一种相互作用的过程。每个"格式塔"都永远不会是对感性材料的机械复制，而是知觉活动对客观现实的一种能动的把握。它是与知觉活动密不可分的一种经验化（个体的亲历的经验或人类整体经验的传承）的组织结构，并且，这种组织结构绝不是人的大脑在感知客观事物的个别成分之后，将这些成分机械地拼凑或相加而成的，而是知觉活动在对外部事物整体的瞬间把握中所"建构"的产物。

为了解决一个问题，人们必须能随时改变事物自然呈现于我们心灵中的固定状态或结构。虽然感知意味着对某种特定状态突出特征的把握，但要解决一个问题则意味着要能随时改变这种特定状态中的关系、重心，通过选择和组合，产生出一种可以使问题得到解决的新的结构或模式。思维主体之所以要对视觉表象进行重新组构，也不是毫无理由的，它是受到某种需要的驱使，这种需要就是从已有事物状态中发现某种看上去似乎并不具备的东西。也就是说，在问题解决者的头脑里，必须进入一种他想要达到的目的所特有的"意象"。这种意象会对头脑中原有的初始意象——感知觉储存意象施加压力，而且竭力迫使它按照目前任务的需要发生变形……，一句话，正是这种"目的意象"的需要，才促使了知觉对现有结构的重新组织。①

基于上述，我们以为，在思维实践中，在思维创造的源头上，人类先天的感知觉功能（加上后天经验模式的作用），在自动地进行着"思维的创造"——如果我们仅仅只把"创造"理解为对"原有"的突破与再造的话。

二、加工思维材料

大脑中储存的意象是思维创造的材料。尽管感知觉本身已经在进行着思

---

① 鲁道夫·阿恩海姆. 视觉思维 [M]. 滕守尧译. 北京：光明日报出版社，1987：292－293.

维起端时的创造活动，但大脑中储存的意象并不止于知觉程度上的创造，而是有着更多层次的再造。我们在上一章中已经说过，感知过的事物在大脑中重现的形象叫记忆表象；由记忆表象或现有知觉形象改造成的新形象，称之为想象表象。如果不作严格的区分，我们可以把"表象"与"意象"作为同等程度的概念来看待。心理学中把"意象"分为三种：一是知觉意象；二是记忆意象；三是想象意象。① 这既是意象的三个种类，也是意象的三个层次。

知觉意象虽是事物对象在人的心灵中留下的直接映射，但它并不就是事物的原貌。它的形成不仅依赖于客观对象，而且也受知觉主体的知识经验、注意和心理定势等主观条件的制约。知觉能及的范围和内容极为丰富，但知觉主体仅能对他感兴趣的部分即引起注意的部分作出反映，而对其他刺激不予理会。由于注意使知觉具有选择性，因此，知觉意象对于客观事物的反映，往往是很主观、很片面的。知觉者的价值观对知觉的干扰特别大，对知觉者有价值的事物容易构成知觉对象，反映时亦常会夸大它。情绪对知觉的影响也很大，高兴时往往专看事物的积极面，苦闷时则只看事物的消极面。在这种主观条件下形成的知觉意象，一方面它具有主观与客观相统一的特征，另一方面它也具有很大的主观性，而这里的主观性也正是思维所发挥的创造性。

记忆意象是知觉意象通过记忆在脑海里的再现，所以又称为"再现性意象"。在记忆的复现过程中，大脑对记忆中的知觉意象又会再作不自觉的集中和加工，因此，记忆意象比知觉意象的主观色彩更为浓厚。

在感知对象已不在现场或不存在的情况下，在知觉意象和记忆意象的基础上，人们还可以通过想象在头脑中形成关于感知对象的新的形象，这就是想象性意象。想象性意象较记忆意象的主观色彩更为浓烈，它极有可能是思维的虚构。当然，这种虚构也仍然要有客观条件作依据的，完全凭空的想象性意象也是无法产生的。

当代美国心理学家 R. H. 麦金（Mekim，R. H. ）将意象的产生归结为如下三种渠道，即"其一是'人们看到的'；其二是'我们用心灵之窗所想到

---

① 辞海［S］. 上海：上海辞书出版社，1986：1220.

的';其三是'我们的构绘,随意画成的东西或绘画作品'"①。"看""想"和"随意画成"都不是客观对象的机械复制,而是体现着思维的创造。

思维对外在信息的"创造"不仅表现在感知状态,而且在材料的接受和贮存中也会发生。这时的创造主要表现在对外在信息的内化转换机制中。外部客体信息不可能毫无变化地直接储存于大脑之中,它必须经过信息载体形式的变换过程。从信息论的角度论,就是对信息进行编码,即舍去客体信息外在结构的存在形式,转换成适合主体思维信息结构的某种特定的载体存在形式,诸如观念、意象、组块等思维信息的存在形式,才能在大脑的活动结构中得以储存下来。所以,马克思说:"观念的东西不外乎是移入人的头脑并在人的头脑中改造过的物质的东西而已。"②

三、想象中的创造

在对创造性思维机制的研讨中,有一种夸大联想功能的倾向(这里不仅是指心理学史上联想主义),即认为,创造性思维机制就是联想的机制。我们以为,这是有失偏颇的。对联想正确的认识应该是:一方面,联想是想象的基础,没有联想,也就没有思维的创造。或如罗玲玲教授所指出的:"尽管时、空联结途径自身没有多少创造性,即不能加工出多少'新意'来,但是它却是其他形式的思维加工的基础"③;另一方面,联想固然可以为其他形式的思维加工提供一个再发展的平台,但"平台"自身绝不等同于加工的过程抑或加工的结果,只有想象才能将思维的创造发挥得淋漓尽致。

想象的过程就是根据思维目的性需要(问题或问题解决)提取相关记忆意象,对其进行极为自由的匹配,以产生合乎主观意象需要的思维加工过程。这里的加工,有时看似荒唐、无根据,但它却常常能产生一些我们意想不到的新奇结果。由于客观自然本身有着无数的连接方式(或曰存在形态),所以,大脑中自由匹配产生的新意象极有可能同客观自然潜在的可能存在的

---

① R. H. 麦金. 怎样提高发明创造能力——视觉思维训练 [M]. 王玉秋, 吴明泰, 于静涛译. 大连: 大连理工大学出版牡, 1991: 13.

② 马克思, 恩格斯. 马克思恩格斯选集(第2卷)[M]. 北京: 人民出版社, 1972: 217.

③ 罗玲玲. 创造力理论与科技创造力 [M]. 沈阳: 东北大学出版社, 1998: 98–99.

方式发生对应。虽然我们不能保证思维里每一种"创造"都能与自然潜在的存在方式发生匹配，但毕竟存在着被匹配的可能。

想象中，思维似"天马行空"，全没有逻辑规律或规则的羁绊，但我们不能因此就认为想象是毫无根据的，因而是没有价值的。比如，爱迪生的灯泡实验就是经历了上千次（有说 5 万多次）的失败。但是，我们应该看到，即便想象不受逻辑规律或规则的制约，但人类往日积累的众多的认识世界、改造世界的方法和手段仍然是想象得以进行的底蕴，同时想象还要受目的意象的指引，等等。这就可以弥补想象中的盲目性，减少其匹配后不可行的程度。当然，思维的创造毕竟是对客观存在的一种重构，这种重构是对现有的突破，它最终是否可行仍然有待于客观自然去评判。所以，创造中失败是常有的事，而且失败率还远远大于成功率。

至于思维创造中的特殊环节或现象——顿悟或灵感而已，在我们看来，那只是想象在瞬间完成的内心意象的整合，用韦特海默的话来说，就是大脑的豁然开朗——某种"完形"的产生，或者是一种"格式塔"瞬间完成向另一种"格式塔"的转换。它的神秘性只是缘于其突然性。

第四节　创造性思维机制解析

思维不仅创造了一个与自然界相对应的主观世界，而且，也在不断地改造着客观世界，同时还建立了一个"世界 3"[①]。前文，我们已经分析了主观世界里思维创造的一般过程或机制，以及自在自然的存在方式。当然，现在的自然也已不是纯粹"自然"意义上的自然，而是被人化了的自然，即所谓的"第二自然"了。这里，我们将撷取"世界 3"中的事例来分析思维的创

[①]　当代著名西方科学哲学家 K. 波普尔认为，宇宙在性质上是多样的，多样的宇宙现象可分为三个世界：世界 1；世界 2；世界 3。所谓世界 1 就是物理世界，即客观世界的一切自然物质客体及其各种现象；所谓世界 2 就是主观精神世界；所谓世界 3 就是客观精神世界或客观知识世界，指的是人类主观精神的产物，亦即客观化或物化的知识。

造究竟是如何进行的。之所以取"世界3"中的事例为分析对象，是因为"世界3"更多地具有这样一些便于我们操作分析的特征：它是主观创造的客观化，是静态的，比变动不居的"世界2"更易于把握；它是思维创造的结晶，比"世界1"能更多地体现出思维创造的成分。

一、语言的构造

人类的语言完全是人类的自我约定，完全是"人造的自然存在"。作为人类生存的一个重要方面，语言的构造可以从一个侧面反映出思维创造的本质。

在语言结构中的最底层是组成语言的最小单位，即语音中的音素。最高层是句子，它包含着言语活动的意义，表达着人的思想。在音素和句子之间，还有词素、字词和短语几个等级，每个等级都是一个有着严密组织的结构。① 如图所示：

句子 The strangers talked to the players.

短语 The strangers/talked to the players.

字词 The/strangers/talked/to/the/players.

词素 The/strang/er/s/talk/ed/to/the/play/er/s.

音素 ðə/streŋnj/ər/z/tck/t/tuw/ðə/pleŋ/ər/z.

音素是语言的声音单位，语音是以有规律的序列方式存在才有一定的意义。所以，一个音素，如上例中"ð""ə"等是不携带意义的。不过，在汉语中，许多词是由单音素组成的，语音与这些词似乎是处于同一层次上的结构。当语音成为一个词素的时候，音素也常常可以携带意义。再如：

句子 蝴蝶和猢狲围绕葫芦藤飞舞

短语 蝴蝶和猢狲/围绕葫芦藤飞舞

字词 蝴蝶/和/猢狲/围绕葫芦藤/飞舞

---

① 当然，也可以整篇文章为例。文章是思维的成品，对其可解剖为段、句、词、字等。从原理上说，文章的谋篇布局过程，也就是在思维的一般规律的约束下，提取材料、连接、组合……的创造过程。

词素 蝴蝶/和/猢狲/围/绕/葫芦/藤/飞/舞

音素 hu/die/he/hu/sun/wei/rao/hu/lu/teng/fei/wu①

语言的构造过程应该是由音素——不携带意义，无明确所指的基本单位，通过对象化（由定位而定意）成为言语运作的基本单位——词素，词素通过连接构成字词，一个字词可以看成是一个小单位的意象或组块，通过字词——这些小单位的意象或组块，可以构成更大规模的意象或组块，即短语，有了短语，再连接成单句或复句，乃至句群，言语就可以充分表达我们的思想了。

不难发现，任何言语的构成都少不了有确定元素、提取、组合，乃至融合的痕迹。就汉语而言，我们大多数人头脑中储存的常用字词不过 3000 - 5000 个，为了表达我们各种各样的思想，我们分别在这些字词中提取单个的字词，然后，再将它们组合成各种各样的语句，以表达我们丰富而复杂的思想。除研究语言的学者、教授语言的老师，或在写作中刻意修饰的人们之外，在一般的语言交际中人们是很少去注意这种语言创造的规则，只是在不自觉遵守这种创造结构而已。

二、虚概念的生成

虚概念是逻辑学研究的内容之一。所谓虚概念就是在现实世界中不存在其反映对象的概念。现实世界中不存在这样的对象，大脑中又如何能形成这样一个概念呢？它正是思维对内心意象超现实加工的结果。②

思维对内心意象如何进行超现实加工而生成虚概念的呢？我们认为，在虚概念生成过程中，同样有这样两个加工过程或环节：其一，提取认知对象的属性，形成最基本的加工材料（序元，或称之为内心意象）。有的是认知对象一般性质——黑、白，美、丑，方、圆，大、小，等等；有的是认知对象的一般表象，或是整体性表象，如人、牛、马、树、伞，等等；有的是局

---

① 孟昭兰. 普通心理学 [M]. 北京：北京大学出版社，1994：285 - 287.

② 王习胜. 虚概念生成的思维机制初探 [J]. 九江师专学报，1999：4. 同时参见：中国人民大学报刊复印资料《逻辑》，2000（2）.

部性表象，如眼、鼻、手、头、齿，等等。其二，根据不同的理想诉求，思维对被提取的加工材料（序元）进行侧重点不同的融合。从类型上说，可以把它们分为三类。

一是侧重融合属性材料的属性类虚概念。例如，融合"方"与"圆"，会生成"方的圆"或"圆的方"；融合全能、全智、尽善、尽美等属性到类似于"人"的形象之中，则生成了"上帝""神"这类无所不在、无所不能，却又难言其形的虚概念等。这类虚概念的特点是：其属性包括功能和作用等非常明确、清晰，但其理想的对象之具体表象却十分模糊。

二是侧重融合表象材料的表象类虚概念。例如，融合"少女"与"鱼"，生成了"美人鱼"；融合"狮身"与"人面"，构成了"狮身人面"；融合"人"与"树"，生成了"树人"，如神话剧《天仙配》中的老树等。这类虚概念也有一个特点：理想对象的具体表象明晰、具体，但其功能、作用等属性并不一定十分明确。

三是综合地融合属性与表象材料的综合类虚概念。如有嫉恶如仇、72变等属性，又有人"像"猴体的"孙悟空"；有善解人意、勤朴可爱、娇小玲珑的"田螺姑娘"；有速度快且生有翅膀的"飞马"；有"眼像铜铃、嘴如山洞、牙如白石块"，身材巨大却又能化作一缕轻烟缩入瓶中的"恶魔"等。在主观世界中，这一类虚概念的属性是明晰的，其表象也是栩栩如生且可以描述的。

我们可以尝试用公式来表示这三类虚概念的生成机制：

属性类虚概念：$A(f) \wedge B(f) \wedge \cdots \cdots \rightarrow C(f)$

表象类虚概念：$A(a) \wedge B(a) \wedge \cdots \cdots \rightarrow C(a)$

综合类虚概念：$A(f,a) \wedge B(f,a) \wedge \cdots \cdots \rightarrow C(f,a)$

其中，A、B等表示被提取认知材料的对象；a（appearance）表示表象材料；f（feature）表示属性材料；C（concept）即新形成的概念或生成后的理想对象；逻辑合取符号"$\wedge$"，在这里表示融合关系；蕴涵符号"$\rightarrow$"表示"生成为"。

被提取认知材料的对象（A、B等），在不同的虚概念中其数量是不同的。一般地说，越是远离现实世界的虚概念，被提取认知材料的对象可能越多；同时，这里的认知对象也不仅限于物质世界，还包括社会和思维的对象。被提取的认知材料——属性和表象，对不同的被提取对象来说，提取量也不一定是等量的。

由于幻想思维形式对认知材料的加工融合不受逻辑规律或规则的制约，因此，所有的虚概念都难以在现实世界中找到对应的客观对象，尤其是融合了那些现实对象中全异关系的材料，还会产生出两种令人难以理解的矛盾关系的虚概念：其一，逻辑矛盾关系的概念，如"不死的人""黑的白雪""方的圆"等；其二，特殊逻辑矛盾关系概念——悖论概念，如"只给而且一定要给不给自己理发的人理发的理发师""只能由而且必定由一切不以自身为元素的集合组成的集合"等。

由于"世界是事物的组合，现实世界就是由所有存在的可能事物形成的组合（一个最丰富的组合）。可能事物有不同的组合，有的组合比别的组合更加完美"①。以此来看，虚概念本身就是幻想思维形式所作的一种组合，因而，当条件成熟的时候，有的虚概念便可能转化成实概念。在科技领域，一个虚概念转化为实概念也就意味着一种思维创造被物化为现实的科技产品，就是一项科技发明的诞生。如果思维创造的结果为现实的自然所证实的话，则意味着一项科学发现的诞生。

三、理想实验的进行

所谓思想实验或理想实验，指假想而非真实的，但却严格遵守实验原则和严密逻辑要求进行的想象中的实验。② 科学创造从来就离不开思想实验或理想实验，③ 思想实验或理想实验也充分体现着思维在科学领域里的创造性。伽利略的"惯性实验"和爱因斯坦的"追光实验"一直是为科学研究者所津津乐道的两个著名的思想实验或理想实验。

---

① C. I. Gerhardtced：Die Philosophischen Schriften Vcn Gottfried Leibniz，N，P. 593. 转引自冯棉．"可能世界"概念的基本涵义［J］．上海：华东师大学报，1995（6）．
② 傅世侠，罗玲玲．科学创造方法论［M］．北京：中国经济出版社，2000：311.
③ 我们认为，思想实验和理想实验之间是有区别的：思想实验的内容有可能被物化为现实的东西，而理想实验的内容则不可能被物化为真正的现实。如绝对真空、绝对无摩擦系数等。

关于伽利略的"惯性实验"，韦特海默是这样描述的：他发现了下落物体加速度的公式。由于下落的速度很快，不容易定出它的准确值。为了更全面地研究这个问题，他苦苦思索："难道不能用更方便的方法研究这个问题吗？圆球在斜面上向下滚动，我应该研究它。难道自由落体不就是一个特殊的例子吗？——无非其下落角度不是小于90°，便是正好等于90°而已！"

他研究了不同情况下的加速度，发现倾斜角越小，加速度也越小：角的大小次序和加速度减慢的次序是对应的。当他发现了倾斜角的大小与加速度的减慢有联系的原理，加速度就变成最重要的事实了。如图3－2所示。这时，他又忽然反问自己："这不是图像的一半吗？如果向上抛东西，如果向上坡推动圆球，那么发生的情形难道不是和已有的图像对称吗？难道不是和镜子中的映象相同，

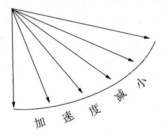

图 3 - 2

是已有图像的重复，同时又与它相互补充，而成为完整的图像吗？"

当向上抛掷一个物体的时候，并没有正的加速度，而是负的加速度。在它上升运动的路程中，物体运动的速度就缓慢了下来。但是，这和下落物体正的加速度是相对称的，随着倾斜角从直上方向的90°逐渐减小，负的加速度也在逐渐减少，从而和下面一半的图合成为一个密闭吻合的图形。如图3－3所示。

但是，这样就能成为完整的图象了吗？不，还有空隙。当平面是水平的，倾斜角是零度，而物体仍在运动的时候，情形又如何呢？在每种情况下，我们都是从一定的速度开始的。根据这个结构，必然发生什么情况呢？水平面以下是正加速度，水平面以上是负加速度……有没有渐渐接近，既不是负的加速度也不是正的加速度呢？那不就是……常速运动吗！一个物体在一定方向上水平运动，假如没有外力来改变它的运动状态，它将以匀速继续运动……直至永恒。①

---

① ［德］韦特海默. 创造性思维［M］. 林宗基译. 北京：教育科学出版社，1987：183－186.

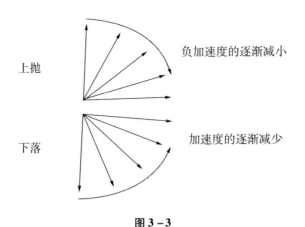

上抛　　　　　　　　　负加速度的逐渐减小

下落　　　　　　　　　加速度的逐渐减少

图 3 - 3

转引自［德］韦特海默．创造性思维．P. 184

对爱因斯坦"追光实验"的描述是韦特海默在直接询问爱因斯坦之后进行的。"这个过程是怎样开始的，还不那么清楚，（由于他处在困惑的情况下）因此也就难以描绘。他首先提出了这样一些问题：假如人追着光线跑，会发生什么事呢？假如他骑上光束，又会怎样呢？假如光在前进，人追着它跑，光速会因此减低吗？如果人跑得极快，光会不会就不动了呢?"① 这看起来似乎非常荒唐，但对爱因斯坦狭义相对论的产生有着十分重要的影响。正如爱因斯坦自己所说的："在阿劳这一年中②，我想到这样一个问题：倘若一个人以光速跟着光波跑，那么他就处在一个不随时间而改变的波场之中，但看来不会有这种事情！这是同狭义相对论有关的第一个朴素的理想实验。"紧接着，爱因斯坦还强调指出："狭义相对论这一发现绝不是逻辑思维的成就，尽管最终的结果同逻辑形式有关。"③

从韦特海默记述的伽利略和爱因斯坦的理想实验中，我们不难看出，科学研究中的思维创造也同样具备着这样的特征：起始于对事物的了解而提出问题；搜索提取或收集意象信息，利用联想，通过想象而对意象之间进行新

---

① ［德］韦特海默．创造性思维［M］．林宗基译．北京：教育科学出版社，1987：183 - 186.

② 指爱因斯坦 16 岁（1895）在苏黎世阿劳（Aarau）州立中学学习的那一年。

③ 爱因斯坦．爱因斯坦文集（第 1 卷）［M］．许良美，李宝恒，赵中立，范岱年编译．北京：商务印书馆，1976：44.

的组合、加工与重构，即思维的整合，使之在头脑中构成新的关系，即序链。当某种被加工出来的序链能够产生主体所希望的功能时，这种思维创造的过程即告完成。即便这种创造在现实中是不可能被物化的，犹如爱因斯坦的追光想象。

四、逻辑语形学的学理

逻辑学被誉为"思维的语法"，是对思维内在规律、规则的研究。逻辑语形学是对形式语言的逻辑分析与构建。逻辑语形学的基本理论已被学界证明是有效的，因而在一定程度上也已为世人所共许。那么，规律、规则化的逻辑语形学是如何分析并构建起自己理论体系的呢？

这种理论构建的第一步是确立自己的"公理性"材料。生活中，人们经常在感觉到某个事物时就会联想到另一事物。比如，见到十字路口的红灯，就联想到禁止通行；看到指示灯转为绿灯了，就知道可以通行；看到某个人脸上满脸皱纹，就会联想到某人衰老了；闻到一股刺鼻的焦味，就联想到有东西烧煳了，等等。对于人来说，这里感觉到的红绿灯、皱纹、焦味就成为联想到他物的代替物，即代号或指号。

代号或指号，就其成因而言，主要缘于两个方面：其一是因社会约定而形成的联想；其二是联想物与代替物之间有内在的联系。就指号的形式而言，主要有三，即图像（icon）、索引（index）和符号（symbol）。图像是一种包含了所指称对象某些性质的指号，即图像与它所指称的对象有某种或某些共同的属性。例如，一座大桥的设计图就是一种图像指号，它与实际大桥有某种相似的属性，设计者和建筑者看到设计图，就可以想象大桥的形状或结构；索引是一种招致意念的指号，这种指号与指号所招致的对象之间存在着某种因果联系。例如浓烟滚滚就标志着有大火，浓烟就是大火的索引指号；符号是一种具有社会共同赋予的内涵的指号，这是运用最为广泛的一种指号。红绿灯、语言文字等就是这种符号指号。符号与对象之间的联系具有某种任意性，每一个符号与它所指称的对象的联系是约定俗成的，这种联系一旦确定，就被社会所接受，具有一定的社会制约性，不能随意地推翻和取消。比如，人们在手臂上戴黑纱是表示哀伤的事情的符号，等等。

指号是一种可感知的媒介物或表达式，但是，一个事物或者事物本身并不就是指号，它必须在传达某种其他事物或思想时才能成为指号，即必须经过思维的抽象才能成为指号，而它要能够传达其他事物或思想，又必须由交际双方对它作出共同的解释。这就牵涉到指号自身、指号所指称的对象和指号使用者之间的关系。

所谓指号自身是指人们所能直接感知的东西。例如，一段文字、一阵音响、一件事物、一种现象。有了它，人们在传递信息时才能得心应手，如果没有指号，人们就无法交流。所谓指号所指称的对象是指人们借助指号自身所联想的东西。例如，"一颗红色的信号弹"就表示"开始进攻"这样一个行动指令。然而，指号自身与指号所指称的对象之间的关系并不是直接的，它们是通过指号的使用者来发生联系的。指号的使用者，也就是指号的解释者。什么指号代替什么事物，这是使用者的发现和创造。指号确定后，只有在使用者范围内才有意义。例如，足球场上，裁判员的某个手势是指号自身，某运动员犯规是该指号所指称的对象。然而，这个指号只是在运动场上相对于裁判员、运动员和观众来说，才具有对某种运动行为具有规范的意义。离开了指号的使用者——裁判员、运动员和观众，那个手势只是一个单纯的动作而已，并没有什么特殊的意义。

基于此，逻辑指号学构建了自己的学科体系——对自己确立的"公理性"材料进行组合加工，构建成系统，并进一步细分为逻辑语形学、逻辑语义学和逻辑语用学等不同学科。

从语源上讲，语形学是 Syntax 的译名。它是由 Syn + taxis 而构成，意思是"排列组合在一起"。从指号学的角度讲，就是把指号有次序地排列组合起来。逻辑语形学就是研究语言指号系统内部指号与指号之间的逻辑关系。具体地说，它研究语言表达式组成元素的种类，以及在时间空间中的次序排列关系等方面的问题。就其形式语言而言，它是一种完全形式化的演绎系统。形式语言用一套特别的语言符号去表示概念、判断、推理，获得它们的形式和结构，从而把对概念、判断和推理的研究转化为对形式符号的研究。在语形学中，不考虑符号的意义，只考虑符号的形状和空间排列，提出形式化的构建规则和变化规则，它主要有四个组成部分。

其一，初始符号。初始符号是一个形式系统的字母库，经解释后，其中的一部分就是初始概念。例如，命题演算中的"∨"就是一个初始符号，经解释后，它表示真值析取，即至少有一真。

其二，形成规则。初始符号之间可以组合成各种符号序列，并形成规则，规定什么样的符号序列是合式公式，以及什么样的符号序列不是合式的，合式公式经解释后是有意义的。例如，在命题演算中，"P→Q"是合式公式，即"P"蕴涵"Q"；而"PQ→"就不是合式的，无法解释其意义。

其三，初始公式。初始公式是作为该形式推理系统出发点的合式公式，经解释后就是公理。例如，命题演算中的合式公式"(P∨ ¬ P)→P"，即在 P 取任意真、假值情况下，该式都将取真值。

其四，变形规则。变形规则规定如何从初始公式和已推导出的公式出发，经过符号变换而推导出另一公式。在进行这样的推导过程中，不考虑符号以及推导过程中任一合式公式的意义，变形规则经解释后就是推理规则。根据变形规则而推导出来的一系列公式是该形式系统的定理。①

有了这样一些符号和规则，我们也可以将其解释为序元和序律。逻辑语形学就可以构建起一个自己的"世界"，或可称之为"virtural reality"。在逻辑语形学的世界里，这样的一个式子："(p→Q)∧(r→S)∧(¬ Q∨ ¬ S)→(P∨ ¬ Q)"，亦即由序元组成的，受序律制约的序链是非常有意义的。逻辑语形学不仅可以判别它是否是有效的，而且还可以将它运用到某个实际系统中，使之成为人工智能而在现实世界里发挥作用。

上述简要解析语言、虚概念等"世界 3"中的对象，我们从中可以清楚地看到，人类思维创造它们的过程不外乎是：确立序元，如音素，字，词，字母，意象等；构建序链，如词句篇章，虚概念等……这是一个发明的过程。反之，若是解译，则是一种发现过程。至于制约它们形成的规则，也就是它们各自的序律。我们已经说过，不同的序链有不同的功能，因而，它们可以实现创造主体不同的主观诉求——或是表达我们的思想，或是反映我们

---

① 江正云，任福禄，杜明娥，王习胜．逻辑教程［M］．北京：学苑出版社，1999：389 – 392.

主观愿望……如果条件成熟，它们之中有的则可能被物化。这时的人，也就成了"造物主"。

本章小结

一、人类能够创造吗？

之所以产生此问，是缘于这样一个悖论：一方面我们承认世界是物质的，而且物质是不灭的；而另一方面我们却又认为创造是从"无"到"有"的，从"破"到"立"的。这可能吗？其实，这是两个论域里的问题。"物质不灭性"是从宏观宇宙论域内就物质性质的存在与否而言的。在这个论域内、从这个角度言，物质是不可能为人所创造或消灭的，创造"新物质"与消灭"旧物质"，永远只能是不被对象化为"果实"的智慧之花，永远只能待字于自由思维之"闺中"。

说人类能够从"旧"到"新""无"到"有"进行创造，只是从物质的存在形态角度而言的。物质的存在形态是可变的。受内因或外因的作用，是可以引起或促使物质形态向某种或多种方向发生变化——向着人们所希望或不希望的方向变化。正如马克思曾经引用并肯定过的意大利经济学家彼得罗·维里所说的那样："宇宙的一切现象，不论是由人手创造的，还是由物理学的一般规律引起的，都不是真正的新的创造，而只是物质的形态的变化。"① 因此，从终极意义言，人类只有科学发现，没有科学发明。

二、思维的创造究竟在哪儿及其研究方法

思维的创造究竟在哪儿，国内外学者见仁见智的主要观点有：（1）神灵说。这种观点认为，思维的创造是天赋的，源于上帝的。（2）顿悟说。该观点认为，思维的创造就是通过"顿悟"不断打破旧格式塔，建立新格式塔，重建知觉场。（3）发散思维说。该学说认为，思维的创造就是思维的发散，

---

① 马克思. 资本论（第1卷）[M]. 北京：人民出版社，1975：56.

创造力是由发散思维能力构成的。（4）中和论。该论点的意思是独创性思维不应该简单地等同于发散思维，应该是发散思维和辐合思维的有机统一，二者相辅相成。（5）辐合思维说。这种学说认为，思维的创造在于求同，求异思维实际上也是在不同程度上的求同，是多维度的求同。（6）选择、构建说。该观点认为，思维的创造在于选择与构建的统一，一个创造成果是多次选择与构建的交互作用的结果。

总体上，我们赞成选择、构建说。我们的学理依据是：思维的创造是一个过程，在这个过程中可以也可能存在着多种思维方式，但决定思维之所以能够创造的，不是某一种思维方式所决定的。此乃其一。其二，解释思维创造的本质，不应该仅仅着眼于实证学科，也不能仅仅限于哲学思辨。科学的研究方法应该是在实证科学研究的成果上结合思辨方式的优势，予以合理的阐述。选择、构建说是符合科学的研究方式的。当然，这并不是说，我们已经完全正确地说明了思维创造的本质，而是说，我们所作的这种努力，其方向和方法是对的，因而所作的研究也是有价值的。

三、思维创造研究方法的悖论

在"自由的思维如何运演"一章，我们曾说到了人们是通过什么方法了解、把握思维本质的问题，即有所谓的功能的方法和结构的方法。我们知道，功能的方法其实就是"黑箱方法"。这种方法难以真正揭示思维的本质，更何况是思维的创造过程；结构的方法主要是借助脑科学、神经生理学等学科研究成果来揭示思维本质的方法，我们曾借用恩格斯的话指出过：即便将来真的有一天，我们能够将思维的过程还原为分子或化学的运动，但也决不意味着那就是思维乃至于创造性思维的本身。这样，就形成了对思维创造研究方法上的悖论，即不使用这些方法，我们将无以知道思维创造究竟是怎么一回事；而使用这些方法，由于这些方法并不能够真正揭示思维乃至于创造性思维的本质，因而还是难以知道思维和创造性思维究竟是怎么一回事。那么，在对思维创造的研究中，究竟使用什么方法才是科学的，才能真正揭示思维创造的本质，进而清楚地解释"创造在哪儿"的问题？我们期盼着这个问题能得到大方之家或智者们的关注和解答。

中篇 02

审视方法

　　人类的理想和需要是无限的，可能世界的存在方式也是无限多样的，当现实的存在方式不能满足人的需要、实现人的理想诉求时，人类就必然要向可能世界进军，向可能世界探索。那么，怎样才能敲开那些潜在的可能世界的"芝麻之门"呢？首先，必须打破人类思维自身中的"既有世界"——头脑中既有的条条框框、固定观念。当然，这里的打破是为了再建。"破"了既有、建"立"未有就是创造。"创造"是"破"与"立"的辩证统一。那么，这样的"破"与"立"如何展开？在前人的成功经验基础上，人们已经总结和发明了上千种方法或技巧，这就是所谓的"创造技法"。

　　创造技法的核心是要求创造思维训练者能够最大限度地拓展思维的方向和维度，从多维度、多侧面、多方向（时空、结构、功能、形状、方式等）上触及更多的信息，分析所得信息，寻找各种信息之间的相互关系，或者是引进新的序元，进行归纳、综合，而后对事物原有的存在形态进行扬弃，以产生思维的新品。

　　创造技法本身就是思维创造的产物。它与一般的思维方法或方式的重要区别在于：作为一种经验化的方法，创造技法具有鲜明的可操作性，也正是因为创造技法具有这样的特性，才使思维的创造在某种程度上实现了具体化和可操作化，从而为创造性思维的培养、开发提供了可能。

　　这里需要对"创造教育"这个概念作一必要的说明。创造教育是一个广泛地运用于教育领域和创造力开发领域的概念，但在这两个领域中，"创造教育"在含义上是有区别的。在教育领域中，它主要是与死记硬背的教条主义教育方式相反对，而注重于对受教育者进行解决问题的实际能力的培养；在创造力开发领域，创造教育则主要是指对培养和训练对象进行创造意识、创造方法及创造能力等方面的教育。我们在这里所讲的创造教育，显然是在后一论域与意义上讲的，而且，在本篇中，我们还主要是从创造方法的角度来谈创造教育的，至于创造意识、认知风格、思维品质方面的培育问题，将在下篇论述。

第四章

创造技法与创造教育的产生与发展

这里述及创造技法与创造教育的产生与发展问题，目的不是要给大家展现一个详细史料，而是为我们后面的评介与反思提供一些应备的基本知识而已。因此，这里的概述，不免有些跳跃性，难以反映创造技法与创造教育的发生与发展之全貌，这可能会给想从中探知该问题史实的读者带来一些不便。之所以会如此，是由本著的主旨所决定的——是对科学创造问题作哲学的反思与审视，而非创造学知识的普及材料。

第一节　创造技法与创造教育的产生

虽然人类的文明史就是人类的发现发明史或创造史，但人们真正对创造的规律和机理进行科学的研究，并有意识地利用创造的技法对创造力进行培养和开发的历史却并不长。真正把"创造力研究"（Creativity research）和开发作为一门学科来研究，并在具体化和可操作化方面取得实质性进展的，首先是起源于富于创新传统的美国，而且还是来自于实践或应用领域。

一、起始于应用领域

早期大批移民给美国带来了欧洲先进的技术，第一次世界大战刺激了美国经济和科技的进一步发展。随着经济的繁荣，社会对科学创造的需要日益迫切。与此同时，与创造相配套的社会管理机制——发明的专利审查制度也在日趋完善。于是，在专利审查人员中，一些有识之士发现，有些发明家申报的专利特别多。① 由此，他们开始考虑：发明家们富于创意的发明技巧，有可能利用专利制度来加以传授。1906 年，专利审查人员 E. J. 普林德尔为此给美国电气工程协会提交了一篇题为《发明的艺术》的论文，最早提出对工程师进行创造力开发和训练的建议，并用实例阐述了一些逐步改进发明的技巧和方法。1928 - 1929 年，专利审查人员 J. 罗斯曼（Rossman，J.）从专利局积存的专利资料中，选出了 700 多位最多产的发明家进行问卷调查和统计分析，写出《发明家的心理学》一书，其中专门探讨了对技术发明者进行创造力开发训练的可能性以及训练的有效方法。同年，内布拉斯加大学新闻系教授 R. P. 克劳福德（Growford，R. P.）制定了"特性列举法"，并首次在大学开设创造性思维课程。这些早期的工作，为美国后来开展大规模的科技人员创造力开发和训练奠定了基础，同时也为专门的创造力研究打开了思路。

二、受实业界的推动

发明技巧和方法的实用性为工商企业界看中后，开发科技员创造力的实际训练和相应的研究，逐渐在美国实业界形成高潮。1937 年，史蒂文森（Stevenson，A. R.）在通用电气公司为技术人员开设了创造工程课程，这是工业界在创造力开发方面的首次尝试。1938 年，BBDO 广告公司副经理、后来被誉为"创造工程之父"的 A. 奥斯本（Osborn，A. F.）发明并公布了一套开发创造力的特殊方法——"头脑风暴法"（Brain storm），并用于工作实践，取得很大成功，被视为创造力开发史上的里程碑。由于这种激发集体创造力的方法能迅速见到实效而广受企业家们的重视，因而得到较快推广。奥斯本并不局限到工厂车间宣传、训练和组织实施"头脑风暴法"，他还到大学、科技团体进行宣传普及。在总结经验的基础上，奥斯本出版了他的既有

---

① 类似于"发明大王"爱迪生（Edison，T. A.），一生有 1300 多项发明专利，而且，后来的爱迪生基本上就是一个小发明团体——"发明工厂""门罗研究所"的领导，在他的工厂或研究所里，有众多的科学家和专家在为他工作。

理论研究又有实践经验的名为《应用性想象》（1953）一书，创办了"创造教育基金会"（1954），举办了一年一度的"创造性问题解决讲习班"，大力推进他的创造力开发思想及其技术。奥斯本当时的工作，除了为大范围进行创造力开发训练开先河外，同时也是深入进行创造力研究和系统开展创造教育的重要开端。

与此同时，科技界的创造力开发也取得了丰硕的成果。1942 年瑞士裔美国天文学家 F. 兹维基（Zwieky，F.）在参与美国火箭的研制过程中，借鉴数学的排列组合原理，制定了"形态分析法"。他运用这种方法一举提出36864 种不同的火箭结构方案，① 为美国火箭技术的发展作出了重大贡献。1944 年，美国哈佛水下声实验室科学家 W. J. J. 戈登（Gorden，W. J. J.）在参加鱼雷研制过程中，发现一种富有成效的创造方法——"综摄法"，接着组织起一个研究小组，同时为通用电气公司、IBM 公司、通用汽车公司、美国国防部等上百家企业和机构进行创造力训练和发明咨询。

随着创造力开发和研究工作的深入，一些一流的大公司，像著名的 IBM 公司、美国无线电公司、道氏化学公司、通用汽车公司等，也纷纷设立了自己的创造力开发训练部门，并常年开展职工的训练工作；美国海军军部对此也非常重视。比如，心理学家 J. P. 福特在南加利福尼亚大学领导进行的研究工作，前后20 年都是由美国海军研究部资助的。同时，该研究部还自设了专门的机构进行创造力研究和开发训练。其中，关于想象力对军事指挥影响的专题研究，就是他们从 1951 年一直延续到 1960 年的一个长期项目，而且该部还直接将创造性想象力的训练，列为海军军官的必修课程。此外，空军也在全美各地设立了大约 200 个培训点，以便对预备役军官进行训练。

三、学术界的参与

实业界"火红"的创造力开发工作引起了学术界的关注。1950 年，美国心理学会主席 J. P. 吉尔福特发表了《论创造力》的就职演说，震动了心理

---

① 据说，在兹维基的方案中就包含了希特勒纳粹集团秘密研制的火箭结构方案，使希特勒大为震惊。

学界。从 1955 年开始,在美国国家科学基金会、海军研究办公室、美国空军等机构和组织的大力支持下,学术界召开了一系列的创造力研究与开发的讨论会。其中影响最为深远的是著名的"犹他会议",即从 1955 年至 1963 年间每两年一次在犹他大学召开"全美科学才能鉴别与开发研究会",提交到这一全国性大型会议上交流的成果,都是当时美国一些科研集体或机构的最高水平的理论成果,这对美国的创造力研究和开发工作,无疑起了重要的推动作用。①

第二节 创造技法与创造教育的发展

随着美国创造力研究与开发在实业界和学术界的全面展开,创造技法和创造教育的普及和研究工作也在全世界范围内全面铺展开来。其中,日本、苏联等国家尤甚。这里,我们主要述及美国在创造力研究与开发方面的发展情况,以及日本和我国的创造力研究与开发工作。

一、美国的创造力研究与创造教育的发展

在实业界和学术界的全面推动下,美国的创造力研究与创造教育的后期发展,主要体现在科研中心的出现和咨询公司的兴起方面。

科研中心出现在 50 年代后期。此时,美国开始形成一批(有几十家之多)有成就的创造力开发科研团体。到 60 年代则建立起了一些专门的研究机构。如以 J. P. 吉尔福特为首的南加利福尼亚大学的"能力倾向研究中心"、D. 麦金农(Mackinnon, D. W.)等人领导的加利福尼亚大学的"个性评估研究所"、J. W. 盖泽尔斯(Getzels, J. W.)和 P. W. 杰克逊(Jackson, P. W.)领导的芝加哥大学的"智力和创造力研究中心"、E. P. 托兰斯(Torrance, E. P.)领导的明尼苏达大学的研究所等。这些著名的研究机构所研究

---

① 王通讯等. 创造力开发在国外 [J]. 自然信息, 1987 (2);同时参见傅世侠. 国外创造学与创造教育发展概况 [J]. 自然辩证法研究, 1995 (7).

的成果，很快被传播到世界各地发挥作用。如托兰斯研究所研究制订的"创造性思维测验手册"就被许多国家和地区使用。特别值得一提的是 A. 奥斯本与心理学家 S. J. 帕内斯（Parnes，S. J.）领导的布法罗纽约州立大学的"跨学科创造力研究中心"。这个中心在积累早期创造力训练经验的基础上，进而在训练方法上进行实验研究。据统计，经该中心训练后，被试的创造力测验成绩可以平均提高47%。

咨询公司的兴起是美国创造力开发和训练的又一突出成果。缘于各界的迫切要求，一种新型的公司——创造力咨询公司应运而生。据当时出版的《美国训练与开发组织名录》记载，在美国这样的公司就已有32家之多。进入80年代，势头大大增加，多达上千家。其中影响较大的有1954年奥斯本创立的创造力咨询公司，它拥有百余名咨询顾问，面向工商业界、政府和教育部门进行咨询服务，每年举办一次创造性解题讲习班，而且还向世界各地到美国学习创造学的人员讲授创造性解题的过程和技巧。其他的公司各有特色。比如，有的公司专门为各行各业的领导人或管理者提供创造性领导方法的开发和训练服务；有的公司则吸收心理学乃至脑科学的最新科研成果，侧重为科学家、工程师和科研管理者开设"创造性思维策略"课程；有的公司则提供技术革新开发、人才开发、领导能力训练和开发、思维技巧传授等全方位的咨询服务。有的公司在美国之外的其他国家设立委托点，并为这些委托点开设各种提高创造力的训练课程，其中甚至包括如何提高会议效率、建立优胜工作小组的课程等。

在美国所有咨询公司中，特别值得一提的是成立于1970年的"创造性领导（者）中心"（Center for Creative Leadership）。该"中心"为美国空军、美国农业部、贝尔实验室、国际壳牌石油公司等近40个单位开设"研究与开发管理者的创造性领导方法"和"定向革新"等课程，每年举办一次"创造活动周"。参加"活动周"的不仅仅局限于接受训练的领导者，一些理论研究人员及来自产业界、政府部门、学术团体甚至艺术团体的实际工作者都来汇聚，交流有关创造和创造力问题的各种思想和想法。经过繁忙的五天交流和讨论后，便确定下一次活动周的中心议题。讨论的内容从狭窄的有关领导者个体的问题，逐渐过渡到如"创新与协作""建立革新组织"，直到创新与文化、技术、未来规划等与社会环境大背景问题，以及其他有关的更为广泛的问题。

随着相关学科研究的深入，比如，脑学科、心理学、生命科学、计算机科学等的发展，美国的创造力研究与开发工作也在逐步走向深入，在很多方面取得了突破，使其在该领域的工作始终处于世界前列。比如，1978 年诺贝尔经济学奖和 1986 年美国总统科学奖获得者 A. 西蒙（Simon，H. A.）在认知心理学和人工智能方面的研究，耶鲁大学的 R. J. 斯腾伯格（Sternberg，R. J.）在成功智力方面的研究，哈佛大学的 T. M. 阿玛布丽（Amabile，T. M.）在情景创造力的研究，即从社会心理学方面研究创造力等，使美国的创造力研究与开发工作呈现出百花齐放、层出不穷的新局面。

二、日本的创造技法和创造教育

受美国创造技法及创造教育的影响，日本在这方面的工作也迅速得到发展。

1919 年，教育家千叶命古先生出版《创造教育的理论与实践》一书，拉开了日本创造力研究和创造教育之序幕，① 不过，这项工作真正"红火""时兴"起来，还是从 30 年代开始的，而且在 1950 年之前主要还是引进、消化西方的研究成果，比如，翻译了西方大量的创造心理、解题理论方面的著作，并偏重于心理和思维原理的研究。1950 年，J. P. 吉尔福特在就任美国心理学会主席时发表的《论创造力》的演说，也震动了日本创造力研究界。从此，日本学界采用 J. P. 吉尔福特的因果分析法，对发散性思维进行了广泛研究，开始探讨开发具有自己特色的创造技法，如等价变换理论等，并涉及创造的激励政策、教育改革方面的研究。此后，一批极具日本本土特色的创造力研究学者，诸如汤川秀树、恩田彰、中山正和、高桥诚等脱颖而出，他们不仅在创造力研究中逐渐形成了自己特色的理论，而且创建了一批有日本特点、适合日本国情的创造技法，为日本开展全民性的创造知识普及和创造

---

① 　徐方启. 日本的创造学研究［C］. 中国创造学论文集. 上海：上海科学技术文献出版社，1999：387.

力开发奠定了理论基础。1982 年，福田赳夫首相亲自主持会议，并作出决议，确认"创造力开发是日本通向 21 世纪的支柱"，确定每年的 4 月 18 日是"全国发明节"。这是一项直接推动日本"全员创造发明运动"，一些大的企业，比如，松下、日立、索尼等公司，把开发职工的创造力作为一项常年轮训的内容之一，把职工的创造性设想和发明专利看作是企业的一项重要实力。为此，有的企业广泛开展了"一日一案"的提创造性建议或创造发明活动。号称一年拥有 200 万件设想的松下公司，有一个职工一年居然提出了17626 个设想。这些活动的开展，直接促动了日本每年高达 55 万件专利申请的效果。

在日本的创造力开发中，尤其值得一提的是妇女创造力的开发。日本妇女不仅成立了发明协会，而且作出了许多不匪的业绩，比如方便面、冰淇淋蛋卷等人们熟知的产品，其创意都是来自日本女性。

三、我国的创造力研究与开发

在工业发达国家积极推广创造成果、开展创造教育之际，20 世纪的 70 年代末、80 年代初，我国的创造教育和创造技法的开发和培训工作也开始起步。① 在经历了"提出问题、活跃思想、引进国外研究成果为主的阶段"和"宣传普及、开发培训、开展创造教育为主的阶段"之后，目前，我国正在走向"实践探索、理论研讨、进行独立研究为主的阶段"②。

我国创造力研究的初始资料主要是来自于创造力研究发源地的美国，也有一部分来自于英、德、日以及苏联。初始时研究的内容主要是创造工程或称之为创造技法。在引进、消化国外资料的同时，创造力研究者开展了创造原理和技法的宣传和普及工作。比如许立言、张福奎等在上海和田路小学开展的创造教育培训班等。随后一些创造力开发的机构、组织也相继成立，比

---

① 我国教育领域的创造教育并不始于此时。在 20 世纪 30 年代，我国教育工作者曾大力张扬过创造教育。此间，陶行知对创造教育理念的践行，刘经旺等对创造教育理论的探讨等，反映出当时的创造教育运动是十分热烈的，即便它不是当时教育界的主流。

② 傅世侠，罗玲玲. 科学创造方法论 [M]. 北京：中国经济出版社，2000：12.

如，时为湖南省轻工业高等专科学校从 1983 年开始，在实施创造教育的基础上在 1988 年通过"校中之校"的方式，发展成立的"湖南省创造发明学校"；上海成立的专门为企业科技人员创造力开发培训人才的新型学校——"上海通用创造发明学校"等。据资料介绍，这些普及和培训工作都取得了令人满意的效果。

随着社会组织和中小学创造教育的展开，高校创造教育活动也迅速展开。据我们在中国发明协会高校创造教育分会第四届和第五届创造学和创造教育研讨会①上的了解，全国千所高校中已有 200 多所相继开展了创造教育工作，其中清华大学、北京航空航天大学、中国矿业大学、东北大学、沈阳建筑工程学院等高校，不仅工作做在先，而且也取得了较好的成绩。

在创造技法和创造教育方法研究方面，辽宁学者赵惠田提出"集思广益法"，上海学者许立言等总结出"和田十二技法"，沈阳学者罗玲玲提出"三基本—强化五阶段创造教育教学模式"，北京 161 中学刘文明提出的"创造思维训练与创造性学科教学相结合"的创造教育模式，中国矿业大学（徐州）庄寿强教授结合具体学科进行创造原理的渗透等，可谓代表性之作。

在创造实践不断推进的同时，创造理论的探讨工作也未止步。其中，北京大学傅世侠教授、沈阳建筑工程学院罗玲玲教授在科学创造方法论上的研究，中国社会科学院心理所王极盛研究员在创造心理尤其是科技人员创造心理方面的研究，天津师范大学刘仲林教授在中国传统文化之创造学意义方面的研究，沈阳建筑工程学院罗玲玲教授在创造力心理测验方面的研究等成果突出。傅世侠教授和罗玲玲教授积十多年研究心得于 2000 年出版了洋洋 66 万余言的关于科学创造与创造力研究方法论问题专著——《科学创造方法论》，可谓我国在创造力理论研究方面较高成果的代表。它的意义或如我们为该书所写的评论中所说的，作为"国内外第一部创造哲学专著，积实证的厚实与思辨的深邃于一体……可望为推进中的创新实践提供一个深入发展的理论平台。该著极为细致地梳理了创造力研究的各种学说，并积极吸纳国外

---

① 这两届会议分别于 1999 年 12 月在北京航空航天大学，2000 年 10 月在武汉湖北计划学院召开。

最新的研究成果，把握创造力研究的动向……，因此，该著还同时构筑起了另外一座便于实现中外在科学创造方面接轨研究的理论平台"①。

研究表明，经过创造力开发训练与未经过创造力开发训练的科技工作者在创造力的表现上是大不一样的，仅从专利申请数量上进行对比，前者就是后者的三倍。第二次世界大战后，美国逐渐成为世界科学技术的中心，其科技实力一直雄居世界榜首的原因可能是多方面的，但高度重视和大规模地开展科技创造力的研究和开发，无疑也是其中的重要因素之一。

本章小结

一、我们对创造力研究新方向的看法

如果以 J. P. 吉尔福特自 1950 年发表《论创造力》的演讲为起点，创造力的研究也已走过大半个世纪的历程。如果再往前推进的话，那么，1869 年高尔顿（Galton, F.）出版《遗传的天才》一书，就当是世界上较早关于创造力研究的著作。综观创造力研究的漫漫历程，主要是从以下几个视角进行的。

其一是心理学途径。从心理学角度，尤其是从实验心理学角度，探索创造性思维的发生机制与动力机制等。其中，以韦特海默为代表的格式塔心理学派认为，创造性思维的本质就是格式塔的转换，即将旧的或坏的格式塔转换成新的或好的格式塔；联想主义心理学派认为，创造性思维是在刺激－反映的基础上所作的联想反映；人本主义心理学则从需要的角度揭示了创造的动力问题；精神分析学派则指出，创造的动力来自主体内"力比多"② 的推动……，乃至于后来者 J. P. 吉尔福特在智力成分问题上的研究等，都是对创

---

① 王习胜，于森. 科学创造的理论平台：评《科学创造方法论》［J］. 中国图书评论，2000（7）.

② "力比多"是精神分析学派使用的概念，可以参见本著后文创造力的"本能论"部分。

造力进行心理学的实证研究，这些研究，大大增强了创造力研究的科学成分。

其二是实践途径。实践途径的探索是以工程技术领域为主体。如现代创造力研究发源地的美国，早期的专利审查员 E. J. 普林德尔，J. 罗斯曼以及广告公司副经理 A. 奥斯本等，在创造技法的总结、发明和普及中作出了特殊的贡献，也正是由于他们的工作，才使得"创造力研究"这朵"阳春白雪"，能够为"下里巴人"所接受、所喜闻乐见。

其三是脑科学途径。斯佩里等人的脑科学研究工作对创造力研究的重大贡献在于，它揭示了脑功能的特化以及大脑的大致结构，为相应的脑功能开发（实质是创造力开发）提供了科学的"物质性"基础。

其四是教育途径。教育领域从教育教学的角度探索了一些有效的创造性教学方法和创造力开发方法——从胎教到幼教、小教、中学、大学、成人职业教育，将左右脑协同的创造力开发，贯穿在游戏、生活，以及具体学科的教学内容之中。

其五是哲学途径。从哲学角度探讨具有普遍理论意义的创造主体、创造客体、创造思维、创造实践等本质问题。

其六是社会学途径。探讨社会环境对创造活动的负面影响和正面激励作用，以进一步开发社会层面的创造动力。

由于相关学科，如脑科学、神经科学、遗传科学、心理学等发展的相对滞后，创造力研究的实证途径受到了极大的限制。实践领域中创造技法的普及，由于没有厚实的理论铺垫而显得十分苍白无力，这也许就是为什么创造力研究经历了大半个世纪的发展，仍然不尽如人意的根本原因之所在。

我们知道，实证学科的发展有其内在的规律性，不是短期内能够一蹴而就的事。那么，在当前的情势下，集相关学科已有的成果，发挥哲学思维的优势，突出创造力研究的哲学途径当是适时之举。

我们认为，哲学途径的创造力研究应该从以下四个方面入手：① 其一，本体论研究。创造力研究的本体论研究，是要回答"创造何以可能"的问

---

① 王习胜. 创新的层次 ［J］. 发明与革新，2001（7）.

题，即要追究创造的客观基础问题。只有解答了这个问题，"创造"的神秘面纱才能被揭去，也只有回答了这个问题，才能让创造主体形成一个能够持续创造的科学的世界观。其二，方法论研究。创造力研究的方法论研究，是要回答"创造究竟有没有规律可循，有没有逻辑通道，如果有规律、有逻辑通道，那是什么层面意义上的规律或逻辑，乃至于这种逻辑通道究竟是什么"等一系列问题。只有解答了这些问题，人们才能正确理解"创造"可不可学、创造力能不能培养与开发的问题，也才能正确地看待诸多的创造方法或技法问题，乃至于如何开展创造教育问题等。这里需要研究的问题还很多。诚如东北大学技术哲学专业博士生导师陈昌曙教授所指出的："从技术哲学方法论看目前的发明创造研究似又有其弱点，只是列举出诸多的创造技法是不够的，还需要从认识论、方法论上对种种发明创造技法作出概括，探讨它们的共性、类型和本质，在这方面有许多事情可做。而且，在这点上人们的理解是不一致的，例如有人认为当前讲的创造技法如综摄法、物场分析法、等价变换法等仅只是有助于技术上小改小革的辅助方法，无益于激发、诱导出重大发明，乃至于认为根本不存在对重大发明有用的一般方法，凡此种种均可探讨和讨论。"① 其三，动力论研究。创造力研究的动力论研究，是要回答"创造的动力究竟来自于何方，是内在的、先天的，还是外在的、后天的；个体的创造动力与群体的创造动力之间有什么样的相关性，社会情景对创造有怎样的推动力与阻碍力"等问题。回答这些问题的意义在于：创造力的开发究竟应从何处入手，对症下药。其四，价值论研究。创造力研究的价值论研究，是要构建创造的价值标准，要回答"创造究竟是以人为本、以人为中心"，"人为自然立法"，还是崇尚自然、回归自然，抑或'天人合一'、天人协同发展"，以及"创造为什么、为谁"，比如，原子弹的创造者就并不愿意用原子弹去杀害无辜众生等问题，不解决创造的价值标准问题，人类创造力的开发，人类创造的成果，最后很有可能与人类创造的初衷完全相悖——初衷是要造福人类，而结局却是毁灭了人类。这样说并不是危言耸听、杞人忧天，也不是技术悲观主义者的无病呻吟，今天，科学的正面作用

---

① 陈昌曙. 技术哲学引论［M］. 北京：科学出版社，1999：186.

和反面作用已经给了我们很多现实的警告。

二、创造力开发应该是一项系统工程

创造力开发这项系统工程可以从时间与空间两个维度去看。时间层面应该是人生的全过程开发；空间层面应该是全方位开发。

所谓全过程开发，是指对人的创造力开发不应是权宜之计，不能只抓人生中的某一个阶段。早在 20 世纪 60 年代，美国学者 S. J. 帕内斯等人就曾对350 名大学生展开了长达 14 个月的创造力训练方法的实验研究。这项研究的结论是：人的创造力是完全可以通过训练而得到提高，而且对年龄大的学生（23–51 岁）和年龄小的学生（17–22 岁）的训练，对男性和女性的训练，同样都能得到好的效果。① 现代创造学的研究进一步表明，创造力的开发完全可以向前延伸至负 2 岁，即在一个人出生之前，在其准父母选择对象时就应该考虑如何诞生一个聪明的后代问题，更无须说进行胎教、幼教了；同样，对于年老者也完全可以开发其创造力。

这种观点有两个理由支持。其一，人生中有两个创造的高峰期。科学学研究者的研究表明，人生中有两个创造的高峰期或双峰值，分别为 37 和 55岁。② 这就是说，老仍可为，仍可以发挥其创造性才能。其二，脑科学研究表明，人脑中的细胞在人生活动中，只动用了其中的一小部分，还有极大的开拓发展空间。

创造力的全方位开发含义是：创造力开发不能仅仅局限于某一个方面。现代创造学的研究途径其实已经为我们揭示了这样一个道理，即人的创造力是受多种因素影响的。创造力开发不能仅仅理解为创造性思维的活化训练，还应该注意到右脑功能与左脑功能的协同开发，乃至于社会环境的开发。此外，遗传因素——创造力的先天条件，更应该是我们开发的重要内容之一。今天，人类基因组计划已经向我们展示了生命的分子本质，那么，在此基础上进行创造力开发已是完全可能之举。有关这方面的讨论，我们将在"遗传

---

① 庄寿强，戎志毅. 普通创造学 [M]. 徐州：中国矿业大学出版社，1997：6.

② 王继武. 开发中老年科研人员的创造力 [J]. 科研管理，1983（2）.

的天才"一章中进一步予以展开说明。

　　总之，我们坚持认为，只有把创造力开发作为一项系统工程，真正将"生、养、育、用"结合在一起，开发的目的才有可能得以实现，而顾此失彼的、抓一漏万的创造力开发活动，不仅难以见效，也难以实现开发的初衷。

第五章

典型技法评介

为了充分开发人们的创造力，研究者与被开发者越来越重视对创造技法的研究与运用。1941 年，现代创造学的奠基人美国学者 A. 奥斯本发明了世界上第一种用于培训的创造技法——智力激励法。60 多年来，人们在实践中不断总结并发明出新的创造技法。1979 年，日本创造学会会长恩田彰教授和日本创造开发研究所所长高桥浩，整理出版了 100 多种创造技法。前不久，《世界发明》杂志公布了当代流行较广，并且有相当实用价值的创造发明方法 50 种，其中有来自美国的 19 种，苏联的 4 种，英国的 6 种，法国的 3 种，德国的 5 种，日本的 3 种。乃至目前，估计已有上千种创造技法诞生。

尽管创造的技法种类繁多，但概括起来，不外乎是三大类：第一类是扩散思维技法。这是利用扩散思维来帮助使用者产生多种创造性设想的方法。主要包括智力激励法、联想法、类比法、分析借鉴法、触类旁通法等。第二类是综合分析技法。这是通过收集大量信息，对各种创造性设想进行综合概括与分析整理，最后依据其价值进行集中思维，找出最佳方案的方法。这类技法包括检核表法、综合分析法、技术探测法、未来预测法、缺点列举法、希望点列举法、6W 检讨法、情报整理法等。第三类是创造意识培养技法。这是通过培养人们集中注意力，诱发创造性思维萌芽的一种前期创造技法。它包括想象构思法、变化改革法、思维革新法等。本章将先择优介绍一些经典的创造技法，并在此基础上作评析和反思。

第一节 经典的创造技法

在现有的上千种创造技法中，"头脑风暴法""检核表法""形态分析法"等堪称经典之作。其他技法，诸如特性列举法、组合法、二元坐标法、决策思考法、卡片法等，从其内在机理上看，其本质是一致的，可以规约到"头脑风暴法"等三种经典技法之中。

一、头脑风暴法

头脑风暴法是一种用于群体性创造的技法。"头脑风暴"借用的是精神病学术语"Brain-storming"，大意是让头脑起风暴。该法起初用于广告创意上，后来用于创造发明之中。例如，1952 年，美国华盛顿州发生了 1000 米电话线因积雪而导致通讯中断的严重事故。为迅速恢复通讯，有关部门召开了"头脑风暴"专题会议。会上，有人提出了用鼓风机吹、用竹竿打、用扫帚扫等看似十分荒谬的想法，专家受这些想法的启示而建议当局派空军去处理。空军出动直升机飞临电话线上空，靠螺旋桨强大的垂直气流来吹落电话线上的积雪，从而使通讯很快得到恢复。据说这是"头脑风暴"会议上的第 36 个方案。"头脑风暴法"的特点是：以量求质，延迟判断。这个方法用我国的俗语来解释就是"三个臭皮匠，顶个诸葛亮"。之所以要"延迟判断"，创造力研究者 S. J. 帕纳斯有个解释，他发现：一个人在其所产生的后一半观念中，有 78% 的观念比前一半观念更好些。因此，随着时间的推移，所提出观念的价值会越来越高。① 如果创意一出笼即被评判，由于其不成熟性很容易遭到扼杀，那么，后面的创意将难以再诞生，好的方案也就将难以出现。

这种技法是集众人之智来进行创造活动，操作方式主要是会议形式。具

---

① ［美］J. P. 吉尔福特. 创造性才能：它们的性质、用途与培养［M］. 施良方，沈剑平，詹晓杰译. 北京：人民出版社，1991：150.

体的操作方法是：（1）选择主持人。由于是以会议形式开展的，所以主持人的选择就显得比较重要。一般地，要求主持人有一定的组织能力，能使会议在和谐的气氛中完成任务；主持人要熟知智力激励的原理并能因势利导地启发或激励他人。（2）确立会议主题。该技法比较适宜于解决单一性较强的问题，不适宜于"多头绪"的复杂问题。（3）适当的与会人数。以 5 – 10 人为宜。（4）操作的过程。先进行"热身"活动——了解一些相关的成功事例等，而后明确主题——介绍相关资料、背景以及需要解决的问题所在，继而发动大家自由畅想——"知无不言，言无不尽"，最后加工整理——修整与会者的设想，经过补充完善之后择优而用之。①

二、检核表法

检核表法是一种启发创造思路的方法。据说，最早的检核表法是由美国军方创制的。二战期间，美国军方利用这种技法提出了大量问题，成功地改善了后勤工作。但在创造工程领域，大家公认的最有启发意义的检核表法还是由 A. 奥斯本研制的。A. 奥斯本的检核表法包括 9 类 76 个问题。大致是：

（1）有无新的用途？是否有新的使用方式？可否改变现有的使用方式？

（2）有否类似的东西？利用类比能否产生新观念？过去有无类似的问题？可否模仿？能否超越？

（3）可否增加些什么？可否附加些什么？可否增加使用时间？可否增加频率、尺寸、强度？可否提高性能？可否增加新成分？

（4）可否减少些什么？可否密集、压缩、浓缩、聚束？可否微型化？可否缩短、变窄、去掉、分割、减轻？可否变成流线型？

（5）可否改变功能、颜色、形状、运动、气味、音响、外形、外观？是否还有其他改变的可能性？

（6）可否代替？用什么代替？还有什么别的排列？别的成分？别的材

---

① 鲁克成，罗庆生. 创造学教程［M］. 北京：中国建材工业出版社，1997：175 – 179.

料？别的过程？别的能源？别的颜色？别的音响？别的照明？

（7）可否变换？有无可互换的成分？可否变换模式？可否变换布置顺序？可否变换操作工序？可否变换因果关系？可否变换速度或频率？可否变换工作规范？

（8）可否颠倒？可否颠倒正负？可否颠倒正反？可否头尾颠倒？可否上下颠倒？可否颠倒位置？可否颠倒作用？

（9）可否重新组合？可否尝试混合、合成、配合、协调、配套？可否把物体组合？把目的组合？把特性组合？把观念组合？

我国创造学者许立言等在上海和田路小学进行创造力开发教育的过程中，把奥斯本的检核表法提炼成为朗朗上口的、适宜于青少年操作的"十二种聪明的办法"，即"加一加、减一减、扩一扩、缩一缩、改一改、变一变、学一学、搬一搬、代一代、联一联、反一反、定一定"。各种方法的大意是：加一加，即增加、组合；减一减，即削减、分割；扩一扩，即扩展、放大；缩一缩，即收缩、密集；改一改，即改进、完善；变一变，即变革、重组；学一学，即学来、移植；搬一搬，即搬去、推广；代一代，即替代、变换；联一联，即插入、联结；反一反，即颠倒、反转；定一定，即界定、限制。①

三、形态分析法

形态分析法又可称之为信息交合法，是一种分解、联结之后再综合的创造方法。该技法先把需要解决的问题分解成若干个彼此独立的因素，然后用网络图解方式进行排列组合，以产生解决问题的系统方案或发明设想。例如，在设计一种新型包装时，如果只考虑包装材料和形状两个因素，那么，由于每个因素至少有 4 个要素，即至少有 4 种不同的材料和 4 种不同形状可供选择，采用图解方式进行排列组合后至少可得出 16 种方案，如图 5－1；如果再加上一个色彩因素，若只考虑 4 种色彩要素，那就可得出 64 种不同的组合方案，如图 5－2。

---

① 庄传銮，张振山．创造工程学基础［M］．北京：解放军出版社，1998：169－170，177．

　　形态分析法采用图解方式可使其在所设立的各个因素内不遗漏地形成所有方案，从而能产生大量的设想。这种技法的目的在于避免先入为主的影响，以及单凭头脑模糊思索而挂一漏万之不足。通过"一网打尽"的方式，以求在尽可能多的方案中囊括创造性、实用性更高的设想。

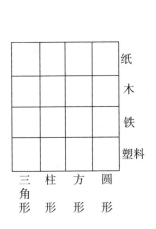

图 5-1　16 种组方案图解　　　　图 5-2　64 种组方案图解

　　我国学者许国泰发明的"信息交合与反应场法"（俗称"魔球法"），与形态分析法极为近似。有的学者将形态分析法称之为"坐标法"，即将有关因素分解，列在不同的坐标轴上，然后进行组合，以产生新的设想。比如，若构思新的"瓷杯"，就可以将"瓷杯"分解出"功能""材料"和"形态结构"三种独立因素，并以之设立三维坐标。在"功能"轴上，再分解出"观赏""盛固体"和"盛液体"等独立要素；在"材料"轴上，也分解出"搪瓷""陶瓷""玻璃"和"塑料"等独立要素；在"形态结构"轴上，同样可以分解出"杯体""杯盖"和"杯耳"等独立要素，如图 5-3。然后将各个轴上的每一要素分别与其他轴上的要素进行交合，以形成新的方案。这些方案或是直接采用，或能给我们以创新的启迪。

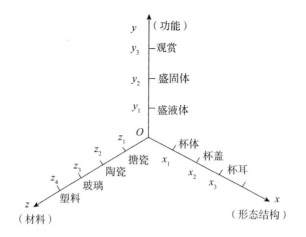

图5-3 瓷杯的分解图

转引自庄寿强、戎志毅. 普通创造学 . P. 195

形态分析法也可以逐层进行。上述的三维坐标可以作为"母本信息场"，坐标上的每一个独立要素还可以再分为更小的信息因子。比如，将"形态结构"轴上的"杯盖"要素，再细分为"盖冠""盖外缘""盖内沿""卡口""盖冠凹"及"通气孔"等，如图5-4。这样进行下去，交合的结果将会更多。如果再考虑到动态信息，那么，它所展现给我们的将是无穷无尽的新构想。①

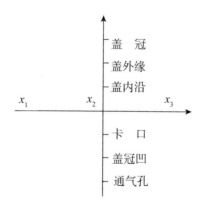

图5-4 瓷杯杯盖的分解图

转引自庄寿强、戎志毅. 普通创造学 . P. 197

---

① 庄寿强，戎志毅. 普通创造学［M］. 徐州：中国矿业大学出版社，199：195-198.

第二节 创造技法的反思

事物都是互为条件地存在着的。传统思想、固定观念和思维定势是创造技法有必要存在的条件。所谓观念，就是内化于人脑潜意识中的观点和认识。人们在思维过程中，反复运用某种观点、认识去思考和评价问题，久而久之，这些观点和认识被积淀到大脑深层意识之中而达到了"无意识"状态，这就形成了观念。所谓思维定势是指心理活动的一种准备状态，它影响着人们思考、解决问题的倾向性。先前解决问题的方式或多或少地会在人们头脑中留下痕迹，当人们思考新问题时，会习惯性地依据原有的思路进行思考，这就是思维定势。固定观念和思维定势的存在，是发明创造技法的前提。

一、发明创造技法之必要

固定观念和思维定势对新问题的解决有两面性。一方面，它为我们进一步认识其他事物、解决新的问题提供了思维基础，没有固定观念和思维定势，我们面对的所有事物都将永远是新的、陌生的，这就是说，我们认识每一种事物都需要"从头开始"。这不仅大大浪费了我们的精力，而且也将使人类的认识世界乃至于改造世界成为不可能。也正是有了先前的积累而形成了固定观念和思维定势，我们在大脑中才能形成对问题解决、事物认识的固定思维路径和模式，有了固定的思维路径和解决问题的模式，我们的认识活动才可以"由此及彼""知古推今""举一反三"……对于解决经验范围以内的常规性问题，它们可以使我们驾轻就熟，简捷而又快速地对问题作出反应，能够轻而易举地认知和把握事物。这是固定观念和思维定势的积极的一面；不利的一面是，当深藏于人们头脑中的观念不愿随实践和时代的改变而改变——变得因循守旧，墨守成规，僵硬不化，一切都用老眼光、老套路、老办法去面对新问题时，人的思维就将被限制在原有的狭小的思维空间里，而成为认识和解决新问题的障碍，思维跳不出原有的框框、打不开思路，进入"死胡同"难以自拔，也就无法实现对新事物的认识和现实世界的超越。日本物理学家汤川秀树说得好："知道许多事情有一个好处，就是至少在理论上可以有一个发现新事物的基础；但是，它也有一种逐步僵化的效应，不管发生什么他都不会惊讶，这也就失去了显示创造力的机会。"①

之所以需要创造技法，或者说创造技法之所以有存在的必要，其必要性就在于创造技法有助于人们打破思维惯性，走出思维的"死胡同"。从"头脑风暴法""检核表法"和"形态分析法"等经典技法中，我们不难看出它们的共同性：不受固有观念、逻辑思路的约束，而能够随意地想象、发散，不论其荒唐与否、可行与否，其意在"以量求质"，以求从"一网打尽"中获取有价值的创造方案。创造技法的这种强制性联想，或者诱发性思路，显示了它的存在之必要性之所在，或者说是它的存在意义或作用之所在。

二、创造技法的创造意义

我们一再指出：事物的存在形态具有无限多样的可能，现实世界只不过是其中的一种可能而已；无限多样的事物存在形态，在结构上都可以规约为序元、序链和序律的存在方式，而创造技法所要探求的正是事物的可能的存在方式。

创造技法是受创造原理指导的促使创造活动完成的具体方法和实施技巧。因此，要从形而上学角度考察创造技法的"创造"意义，首先必须审视指导其产生的原理。目前，创造学界已为创造技法总结出了多种原理。这里，我们不妨以国内较为权威的两本教材——由庄寿强、戎志毅合著，中国矿业业大学出版社出版的《普通创造学》，以及由中国发明协会推荐、中国发明协会高校创造教育分会组织编写，由鲁克成、罗庆生编著，中国建材工业出版社出版的《创造学教程》为例，来看创造技法的原理问题。这两本教材认为，发明创造的原理主要有：综合原理、组合原理、分离原理、还原原

---

① 转引自庄寿强，戎志毅. 普通创造学 [M]. 徐州：中国矿业大学出版社，1997：58.

理、移植原理、换元原理、迂回原理、逆反原理、强化原理和群体原理等。我们以为，综合原理、组合原理、还原原理、移植原理、换元原理和强化原理，其实都直接体现着建序、构序的思想，分离原理体现的是寻求序元、提取序元的思想，迂回原理和逆反原理体现的是间接的建序、构序的方法，群体原理并不是创造本身的原理，而是关于创造主体的创造力激发的原理。

结合"形态分析法"，从本体的角度，我们来较为具体地看一看创造原理和创造技法的"创造"意义。形态分析法遵循着这样三条原则：（1）整体分解原则；（2）信息交合原则；（3）结晶筛选原则。① 在我们看来，这三条原则其实就是要求创造者做到：整体分解——尽可能地将现有对象重新解构到独立要素（独立序元）层次，以便为后面的重构提供可资材料。解构所得的独立要素（序元）单位越小，重构出的可能性（序链）就越多。这犹如排列组合，基数越大，排列组合出来的数目也就越大；信息交合——其实是对解构后的独立要素（序元）进行多侧面、多层次的立体化重构——构建序链；不同的序链具有不同的功能，结晶筛选——是对所构序链（依序链可能产生的功能与对满足创造主体需要的程度为标准）进行的选择，能够充分或较能满足创造主体需要的那个序链，就是思维所要创造的对象。付诸实践行动的创造活动就是在物化着思维的创造——将思维创造的序链变为具有此结构（序链）的现实事物。当思维的创造被物化为现实后，一项创造活动便实现了其初衷。由此可见，所谓"形态分析法"，其实就是人们在思维中进行着寻找序元、提取序元、进行构序、选择序链功能的方法。

我们知道，多数创造技法都强调思维发散，以求"一网打尽"。也正是由于这"一网打尽"，说不定就可以"网"到某种可能成为现实存在，也可能是较为完美的一种潜在的事物存在形式，从而使创造的目的得以实现。这就是创造技法的创造意义之所在。

三、是否需要那么多技法

首先是创造技法的有效性问题。据统计，目前创造技法已有上千种之

---

① 庄寿强，戎志毅. 普通创造学［M］. 徐州：中国矿业大学出版社，1997：195 – 198.

多，每一种技法都会因其独到之处而得以生存，从而使得创造技法的传播和普及工作显得一片"繁荣"。这非但没有给学习创造知识和有心学习创造技法的人带来方便，反而给他们造成了一个极大的困难，即在学习之前，首先得做出选择，究竟学习哪一种技法？由于不了解创造的本质是什么即创造何以可能，因而也就难以选择出适合自己使用的创造技法。

虽然说每一种创造技法对启发学习者的思维，乃至于培养学习者的创造意识都有一定的意义，但我们必须看到，创造技法的作用也是极为有限的。正如一位知名的创造教育者在一次学术研讨会上所指出的那样：到目前为止，他还没有发现有哪一项发明创造的成果是由创造技法直接导出的。这不仅是指现实中，也包括他所搜索到的所有资料。

其次是技法怪圈问题。尽管各式各样的创造技法不断问世并得到广泛传播，但有关创造技法的理论方面却始终没有突破性的进展，这不但限制了各种创造技法有效发挥其作用，同时，因为人们不清楚创造的本质，因而也就更难理解各种创造技法的内在性质及其适用范围，这就使得那些原本寄希望于从创造技法中获得创造灵感的人，首先遇到的不是用哪一种具体的方法来解决自己所面临的问题，而是被迫在各种创造技法中进行选择，这种选择本身也是令学习者大为头疼的事情。这样一来，创造技法越是丰富，人们越是觉得无所适从。

既然创造技法并不能直接导致"创造"成果——尚无人用它产生一项创造；既然创造技法越多，我们就越是无所适从，那么，我们需不需要那么多的创造技法呢？要摆脱创造技法运用中所面临的困境，出路只能在于：在创造力研究所取得的成果的基础上，从哲学高度反思创造的本质，克服具体学科在阐释创造本质时所表现出来的局限性。只有从哲学高度解决了创造的本质问题，我们才能居高临下地审视技法，择优汰劣，提高技法运用的效率。

四、科学创造呼唤高效方法

从认知心理学解题理论的角度看，解决问题的方法大致可以分为两大类，即算法和启发法。所谓算法，通俗地说就是试错法（trial and error method），是对问题解的所有可能进行的尝试。我们以下棋为例。如果用算法，在一开始走步时就考虑所有可能的棋步，以及对方可能的回步，己方的下一步，据此选择可以致胜的一步棋，那么，从理论上说，这种下法虽然可以保证获胜，但实际上却行不通。比如，如果我们用这种方法来下跳棋，涉及可能的棋步总数将高达 10^{40}，若每毫秒考虑 3 步棋，也将需要 10^{21} 个世纪的时间。而国际象棋将涉及 10^{120} 种可能的棋步，围棋涉及的可能棋步的总数则更多。

我们不可能用试错法去下棋，那么，我们是否就一定要用"试错法"去进行科学创造呢？在创造技法史上，我们一直津津乐道着这样的一件史实：1942 年瑞士裔美国天文学家 F. 兹维基在参与火箭的研制过程中，使用"形态分析法"一下子提出了 36864 种火箭结构方案，其中就包括了德国法西斯制造的、令英伦三岛闻之色变的"V－1""V－2"飞弹，而这种带脉冲式发动机的巡航导弹及其技术，是同盟国情报机关的间谍们削尖脑袋，使尽一切办法也未弄到手的。我们还在赞扬着爱迪生的灯泡实验，用了 6000 多种材料，经历了无数次的失败也不气馁，等等，甚至于很多学者都很乐意于引用艾尔弗雷德·诺思·怀特海（Whitehead，A. N.）的一句话："第 1000 个观念也许就是改变世界的观念"①，等等。科学家们不怕失败的精神是可敬的，但其方法却是值得我们反思的。我们不能不作这样的自问：所谓的创造技法给我们的创造所造成的精力、财力的浪费是否太大了一些呢？出于"一网打尽"的思路而发明的那么多发散思维技法效率何在？创造技法何日能够让我们"一矢中的"？

五、值得重视的提法和思维方式

通常，在试错的层次上大发明家也不显得比常人聪明多少。难道大发明家的特别之处就是在于"不怕失败"的精神上吗？我们应该知道，优秀的棋手与拙劣的棋手之间的差别，并不在于设想可能的行棋步法的数量，而是在于能否发现对局中自己所面对的真正问题是什么，以及为解决这一问题提供

---

① 转引自 [美] J. P. 吉尔福特. 创造性才能：它们的性质、用途与培养 [M]. 施良方，沈剑平，唐晓杰译. 北京：人民出版社，1991：150.

的可行的行棋步骤的质量。这样，就对想在科学创造中有所作为者提出了一个反思的问题：没有技法或方法显然不行；而一般的发散技法不仅不能导致问题的解决，还有可能浪费我们的时间和精力。那么，就没有一条更高层次的、更为有效的可行之路了吗？

最近，有学者提出了一种新的科学创造的方法，即高层观念孕育法，它是一种从世界观、方法论和价值论高度对问题进行审视，这是一种创造性解决问题的想象，乃至于是对问题解决的一种直觉。这样的审视、想象和直觉是建立在研究者对科学理论及其原则的深刻领悟的基础上的。而影响人类进行科学创造的科学理论与原则不外乎是：（1）科学的世界图景。如力的世界图景、有机论的世界图景、进化论的世界图景、偶然性作为终极机制的世界图景，等等。认识这些世界的图景，不仅能够帮助研究者选择正确的看待世界的方式，而且还能够改进人类探索世界的思维方式。爱因斯坦对世界图景的把握不同于常人，所以他能创立相对论；门捷列夫通过对化学分子世界图景的把握，在没有考察完全部化学元素（当时只发现了 60 多种元素）时，就初步揭示了元素变化的周期性规律，并构想出元素周期表。（2）一般哲学范畴和概念系统。诸如世界统一性、因果决定论、对立统一思想（或称为两面神思维、必要的张力、互补性）。这些思想和观念常常成为科学创造的动因，成为维护创造性构想的精神支柱，而且，它们还能够指引创造者于困境中另辟新蹊。例如，当有人在"永动机"的发明上碰得头破血流时，有人却在反思：为什么不能制造出永动机？由此而产生了热力学第一、第二定律。这两个定律的发现，又反过来极大地推动了热力学向纵深领域发展。（3）科学美的基本原则。简单、对称、统一、和谐、奇异、深刻……，这些看似不相关的美学概念，在科学创造的特定情景中，却有可能成为创新观念孕育的母体。例如，简单之于哥白尼（Copernicus, N.）创立日心说；对称之于盖尔曼（GellMann, M.）等人提出夸克模型等，都起到了很大的启发作用。（4）一般方法论的原则。诸如可观察性、可检验性、规律不变性、对称性、简单性、最佳原则等一般方法论原则，在科学创造中都可以发挥其调节作用。例如，我国应用力学家魏庆同，就是通过对裂纹的负作用作正面研究，而建立裂纹力学理论的；而宽银幕电影，也正是创造者对镜像失真的正、负畸变的利用而结出的创造硕果。（5）科学思想中最基本的概念和理论。诸如整数的解释工具论、大小宇宙全息论、自然界害怕虚空、超距离作用论、绝对时间空间和运动论、有机论、守恒论、相对论、几何化等科学思想，以及质量不变、能量守恒、运动相对性、空间各向同性等原理，燃素与氧化、热质与唯动、原子与虚空、基因、隐变量、暗物质，以及人体"宇宙"中基因组、克隆等概念。把握这些概念和原理，对我们从高处审视问题会起到巨大的促进作用。①

由于每一个从事科学创造的人都有着自己的自然观，在心中都有自己所理解的自然法则，或如 S. 图尔敏（Toulmin, S.）所说的"自然秩序理想"②。创造者心中有什么样的自然观和什么样的自然法则，就会形成什么样的高层观念，而不同的高层观念，不仅对其研究的方法，而且对其创造的过程和结果都会产生直接的影响。科学史上的两个鲜明的事例便是佐证：其一，1774 年，英国科学家普利斯特列（Priestley）在加热氧化汞时分解出了一种新的气体，发现它比普通空气更能促使物体的燃烧，老鼠在这种气体中更为活跃，人吸进了这种气体也更觉舒畅。事实上，他当时已经分解出了氧气，但由于受到当时流行的"燃素说"观念的束缚，普利斯特列没有能够从更高的观念层次来审视这个问题，只是把这种新发现的气体称之为"失燃素的空气"而没有进一步研究。思想开放、善于想象的法国化学家拉瓦锡（Lavoisier, A. L.）听说此事，感到十分震惊。当他重复了普利斯特列的实验后，便得出了这样的结论：物质只能在含氧的空气中燃烧，燃烧物重量的增加与空气中失去的氧相等。由此，拉瓦锡推翻了燃素说，创立了氧化学说的科学燃烧理论，在化学领域作出了突出贡献。其二，英国科学家威廉，哈维（Harvey, W.）曾花了多年时间，解剖了七八十种动物，作了大量的研究，但由于动脉末端与静脉之间看不到联系，无法对动物体内的血液循环问题作出科学的说明。哈维当时面临的问题是：如果血液在体内不循环，那

---

① 杨耀坤. 论高层观念对科学创造的孕育作用 [J]. 自然辩证法通讯，1998（5）.

② Toulmin, S., Foresight and Understanding: The Inquiry into the Aims of science Harpe Torch Books, 1961.

么，心脏中能排出多少血液呢？而一只羊全身的血只不过 1.8kg，一条牛在戳破颈动脉不到半小时就会因失血过多而死亡。既然身体在短时间内不能造就那么多的血，那么，心脏从什么地方得到源源不断的血液呢？血液流出后又到什么地方去了呢？用过去的经验，哈维无法给这些问题以科学的回答。但善于吸收其他学科新知识的他，有着较强的创新高层观念。于是，哥白尼的"日心说"与他的血液循环问题发生了"碰撞"，一个大胆的以"心脏"（动物体内的"太阳"）为中心的血液循环理论诞生了，他推翻了盖伦（Calen）的血液涨退模型，其在生理学的科学地位也因此而得以确立。

这两个事例告诉我们：没有高层的孕育，"没有理论思维，就会连两件自然的事实都联系不起来，或者连两者之间所存在的联系都无法了解"，那样的话，"当真理碰到鼻尖的时候，还没有得到真理"①。盖伦派医生看不到心间隔孔，因为他们就是这样猜测的，所以，也不相信这种隔孔是根本不存在的，因而他们也就不会想到血液是循环的。这是由于盖伦的血液涨退模型在起作用。从涨退模型到哈维的血液循环理论，充分反映出高层观念对科学研究的重要性。② 所以，海森堡（Heisenberg, W.）从古希腊哲学中寻找微观物理学的精神支柱，玻尔（Bohr, N.）则从古代东方文明中获得互补原理的灵感等，这些都是科学创造过程中的必然事件。③

科学创造并不是按照图示进行的机械操作，也要重视思辨的思维方式。爱思辨的哲学与重实证的科学之间，似乎是南辕北辙、风马牛不相及的。其实二者本来就是同出一辙、相互贯通的。古代的自然哲学就是哲学与科学的共同祖先。哲学思维方式的精华——思辨——在科学创造中应该有用武之地。美国著名科学史家 G. 霍尔顿（Holton, G.）认为，思辨对科学创造有着非同寻常的意义，如果"对思辨设置障碍，就是对未来的背叛"④。爱因

---

① 马克思，恩格斯. 马克思恩格斯选集（第 3 卷）［M］. 北京：人民出版社，1972：487.

② 王习胜. 科学问题与科学研究［J］. 科学技术与辩证法，2001（2）.

③ 王习胜. 由"九宫算"说开去［J］. 安徽科技，2000（1）.

④ ［美］G. 霍尔顿. 物理科学的概念和理论导论（上册）［M］. 北京：人民教育出版社，1983：283.

斯坦用确凿的事实指出："近来，改造整个理论物理学体系，已经导致承认科学的思辨性质，这已经成为公共财富。"① 创造学界最近的研究结果也表明，创造性思维的本质与辩证法的基本原理是相吻合的。因此，若再在科学与哲学之间人为地划出鸿沟，在科学创造活动中拒斥哲学的思辨是极不明智之举。不过，令人欣慰的是，已经有人开始关注科学创造中的思辨方式了。

在创造学界，最早关注思辨这一思维方式的是美国精神病学家 A. 卢森堡（Rothenberg，A.）②。在 20 世纪七八十年代，A. 卢森堡在调查访问了许多有创造性成就的人后，便借用古罗马神话中的隐喻，将科学创造中的思辨思维称之为"两面神"思维。

"两面神"是罗马神话中的门神，它有两个面孔，一个是哭的，一个是笑的，能同时兼顾两个相反的方向。A. 卢森堡认为，在科学创造中，越是高级的创造，越显示出创造性思维中的"两面神"性质。在 A. 卢森堡看来，所谓"两面神思维所指的，是同时积极地构想出两个或更多并存的概念、思想或印象。在表现违反逻辑或者反自然法则的情况下，具有创造力的人物制定了两个或更多并存和同时起作用的相反物或对立面，而这样的表述产生了完整的概念、印象和创造"③。

思辨在科学创造中究竟能发挥什么样的作用？恩格斯曾在论述古代自然哲学问题时说过，科学创造中的思辨是"用理想的、幻想的联系来代替尚未知道的现实的联系，用臆想来补充缺少的事实，用纯粹的想象填补现实的空间。它在这样做的时候，提出了一些天才的思想，预测到一些后来的发现，但是也说出了十分荒唐的见解，这在当时是不能不这样的"④。至于近代早期，比如，开普勒（Kepler，J.）的科学思辨，在科学研究中就已经起到了

---

① 爱因斯坦. 爱因斯坦文集（第 1 卷）[M]. 北京：商务印书馆，1977：309.

② A. 卢森堡：美国精神病学和行为科学教授。1979 年 1 月，他在美国《精神病学》杂志上首次公开发表了爱因斯坦于 1919 年写的关于他本人提出广义相对论的思维过程的文件。参见张巨青. 辩证逻辑导论 [M]. 北京：人民出版社，1989：24.

③ 转引自罗玲玲. 创造力理论与科技创造力 [M]. 沈阳：东北大学出版社，1998：125.

④ 马克思，恩格斯. 马克思恩格斯全集（第 2 卷）[M]. 北京：人民出版社，1972：76.

十分重要的作用。它既不排斥经验事实对理论建构的导引作用，又力求以观察材料验证理论猜想。同时，它又有很强的非经验性——在头脑中生成猜测性、构造性的理论假设。正如爱因斯坦在评价开普勒的方法论思想时所指出的："在我们还未能在事物中发现形式之前，人的头脑应当先独立地把形式构造出来。"①爱因斯坦认为，开普勒的惊人成就证明了"知识不能单从经验中得出，而只能从理智的发明同观察到的事实这两者的比较中得出"②。且不说开普勒在接触到第谷·布拉赫（Tycho，B.）的火星观测资料之前，所作的关于太阳系结构的"正多面体迭套"模型具有很强的非经验性，就是在见到火星观测资料之后所作的"有点偏心的圆轨道"假设也是含有很大非经验成分的。因为开普勒虽有观察事实的启示，但对于火星轨道究竟是一种什么样的封闭曲线，却只能依靠试探性的猜测，而这种试探性猜测的思维机制，正是思辨的。

马赫（Mach，E.）是个经验论者，直到逝世前不久的1916年，也不愿承认原子的存在，因为他看不见原子。因此，他对相对论中的思辨猜测成分十分反感。爱因斯坦为此写道："马赫激烈地反对狭义相对论这件事是很有趣的，在他看来，这个理论的思辨性是不能容许的，他不明白，这种思辨性，牛顿力学也具有，而且是能够思维的理论都具有。"③科学史已表明，尽管近代科学以独立于自然哲学为标志，但它的产生却是科学家与哲学家、实证方法和思辨方法共同作用的结果。因此，我们以为，思辨不仅仅对于哲学，对于科学创造也是极为重要的。

由于从事实到理论，以及从旧理论到新理论之间并不存在必然的逻辑通道，要超越这一逻辑所不可逾越的鸿沟，研究者只有援引高层观念作为科学创造的主导建构因素，引发科学创造的直觉产生。④但是，高层观念同具体的科学创造之间并不存在逻辑的必然联系，即前者并非逻辑地蕴涵后者。此

---

① 爱因斯坦. 爱因斯坦文集（第1卷）［M］. 北京：商务印书馆，1977：278，439.
② 爱因斯坦. 爱因斯坦文集（第1卷）［M］. 北京：商务印书馆，1977：278，439.
③ 爱因斯坦. 爱因斯坦文集（第1卷）［M］. 北京：商务印书馆，1977：278，439.
④ 杨耀坤. 论思辨的思维性质及其在科学创造中的作用［J］. 湖北大学学报（哲社版），1998（1）.

时，只有思辨才能弥补经验和逻辑的断缺，"只有最大胆的思辨才能把经验材料之间的空隙弥补起来"①，才能产生出色的科学创造成果。

本章小结

科学创造有否可循的规律或方法？

所谓规律，就是事物之间的必然性的联系。所谓方法，则是人们认识事物与解决问题的手段和途径。所谓技法，就是具体化的操作方法。我们认为，规律、方法和技法之间，是前提与后承的关系。只有存在可循的"规律"，才有认识和解决问题的手段与途径；也只有认识和解决问题的手段与途径，才有具体化的创造技法。失却前提，难得必然性的后承结果。所以，在我们反思创造技法的"创造"意义的同时，有必要追问"技法"之于创造的可能性问题。

科学创造有没有可循的规律或方法呢？有人认为："科学发现依赖于某些有运气的思维，我们不能追溯它的起源，某些智力的投射是超越于一切规则的，不存在必然导向发现的格言。"②而且"科学研究要有经验背景，要与经验相呼应，但科学认识不是从经验中按归纳法引出的，不存在从经验向理论过渡的必然性的逻辑通道，而是要通过自由思考来创造或发明新的概念，并以它为中心来建立新的理论体系，再从理论推演出与经验相符的结论来"③。著名科学哲学家 K. 波普尔曾专著《科学发现的逻辑》，但其最后的结论却是"发现"其实并无逻辑④。

在我们看来，要准确地回答科学创造究竟有没有逻辑，或者说，有没有

---

① 爱因斯坦. 爱因斯坦文集（第 1 卷）［M］. 北京：商务印书馆，1977：278，439，585.

② T. Nicklesced, Scientific Discovery, Logic and Rationality, 1980, P. 181.

③ 陈昌曙. 自然辩证法概论新编［M］. 沈阳：东北大学出版社，2000：117.

④ 刘啸霆. 走出科学主义的牢笼：关于科学哲学历史境遇及出路的思考［J］. 自然辩证法研究，1995（1）.

可循的规律或方法的问题，首先必须解决以下一系列前提性问题。

其一，科学创造为什么会与逻辑"纠缠"在一起。"逻辑"是个多义概念。据逻辑学界的研究，"逻辑"的含义不下于百种。就其常用含义而言，主要有四种：（1）客观规律。例如"失败，斗争，再失败，再斗争……，直至最后的胜利，这是中国人民革命的逻辑"，"事物的发展变化，总是表现出历史与逻辑的统一"，等等。此处的"逻辑"，即是表示事物发展变化的客观规律。（2）思维规律。例如"写文章、说话，都要符合逻辑，否则别人不能理解，你也就达不到表达的目的"，"列宁的演说很有逻辑，往往俘虏了大批的听众"，等等。这里的"逻辑"，即表示思维的内在规律。（3）一门学问。例如"逻辑、美学等是哲学的基础学科"，"每一个人都应该好好学学逻辑"，等等。此处的"逻辑"的含义，即是指逻辑这门学科的。（4）一种观点、理论、看法。例如"偷瓜者暴打看瓜者后，还极为愤愤不平地自我辩护说：'如果他的瓜种得不是那么大，我会那么辛苦地来偷吗？如果我偷而他不阻挡，那我会用那么大的力气来打他吗？'这是典型的强盗的逻辑。"此处的"逻辑"，就是表示一种观点、理论或看法。

我们在讲科学创造的"逻辑"时，主要取的是"逻辑"的前两种意义，即客观的或主观的一种规律。显然，这是一种广义的逻辑。由于"规律"是事物之间内在的必然性联系，因此，科学创造是无法回避规律层面之"逻辑"的。①

科学创造是追求真理的活动，必须要接受逻辑的检验（此外还有实践的检验）。如果科学创造不能符合逻辑，则意味着它的想法和结论也就不能令人信服，违背逻辑就会被视同违背真理，科学创造就不可能取得其期望的成就。因而，本身需要打破条条框框、突破逻辑规则束缚才能有所发明和发现的科学创造，就与它的矛盾的对立面——逻辑"纠缠"在一起了，而且，人们还特别希望能找到一种科学创造的必然逻辑。

---

① 有学者认为，既然是规律、思路层面的逻辑，与受严格规则制约的狭义逻辑有极大区别，不如称之为"潜逻辑"更为合适。这一方面便于区别二者，另一方面也利于标明它的性质。

其二，逻辑能导致科学创造吗？如果说逻辑是科学创造的必然属性，那么我们能够建立一种逻辑，一种能供任何有健全思维的人使用的理性"机器"，让人们轻松地获取科学创造的成果吗？这种看似荒唐的奢望，确曾鼓舞过17世纪科学革命年代里的一些伟大的哲学家，比如弗兰西斯·培根（Bacon，F.）、笛卡儿（Descartes，R.）、莱布尼茨等。他们力图把逻辑解释为一种能引向发现和发明之路的罗盘。对于弗兰西斯·培根来说，归纳法就是科学发现的工具，所以，针对亚里士多德的演绎法，弗兰西斯·培根很自豪地将自己的归纳法称之为"新工具"。到了19世纪，穆勒·弥尔（Mill，J. S.）成为归纳法的推崇者，他的探求因果联系的"求同法""求异法""求同求异并用法""共变法"和"剩余法"等五法，以及以之为主体的"逻辑学"在当时的许多自然科学家中声望很高。在概括原有实验结果的基础上能预言新的实验结果，这一点使人们看到了归纳逻辑模式对于科学创造的重要性。当时，归纳法被认为是使自然科学胜利前进的强大工具，而自然科学正是由于这个原因，亦曾将它叫作"归纳的科学"。然而，好景不长，人们对归纳法的信赖很快就冷淡了下来。因为，那些在自然科学中取得过革命性进展（诸如相对论和量子力学）的人们，他们并不是按照弗兰西斯·培根和穆勒·弥尔的教导去做的，即先搜集个别的经验资料再推导出普遍性的规律。① 另一方面，由于演绎法是前提蕴涵结论的方法，亦即结论不可能超出前提的范围，所以，运用演绎法也难以推导出"科学的创造"。这样，意欲用逻辑的方法——归纳的，抑或演绎的——直接导出创造性结论的想法在事实中证明是行不通的。也就是说，科学发现和发明的必然性的逻辑是不存在的，至少在目前是这样。也许正是认识到了这一点，奥地利哲学家保罗·费耶阿本德（Feyerabend，P. K.）干脆喊出了无政府主义的方法论口号——"怎么都行"。所谓"怎么都行"，其"意图不是用一组一般法则来取代另一组一般法则。我的意图倒是让读者相信，一切方法论、甚至最明白不过的方

---

① M. T. 维罗舍夫斯基. 关于科学发现的实质 [J]. 赵春然译. 齐齐哈尔师范学院学报（哲社版），1996（6）.

法论都有其局限性"①。

科学方法论的传统观念认为，方法包括一些不变的和必须绝对遵守的法则，它们指导着科学事业的发展。费耶阿本德认为，事实上没有一条我们曾经知道的法则，不管它似乎多么有理，也不管它在认识论上有多么可靠的证据，不曾在某个时期遭到破坏。重要的是这些破坏不是被偶然的原因或由一些不注意引起的。古代原子论的发明、哥白尼革命、现代原子论的兴起，以及光的波动说的渐次涌现和进展之所以会发生，就是因为思想家们决定摆脱某些"显而易见"的方法论规则的束缚，或者因为他们不自觉地打破了这些规则。实际上，自由的实践不仅是一个科学史的事实，而且是合情合理的并且为知识的增长所绝对必需的。更广阔的分析表明，在知识和科学的增长中，兴趣、影响力、宣传技巧等超越规则之外的因素，它们所起的作用之大，远远超出人们通常的估计。因此，人们完全有理由认为："无政府主义有助于达至人们愿意选择的任何意义上的进步。"进一步说，"在一切条件下和人类发展的一切阶段能捍卫的只有一个原理。这个原理就是：怎么都行"②。

其三，心理学在科学创造中的作用问题。利用逻辑推导进行科学创造的梦想被科学创造的现实击碎后，科学创造的另一种"逻辑"在心理学意义上被阐述出来。心理学将科学创造表述为"意欲解决问题的行为"。心理学家们认为，科学创造是一种非逻辑、非理性的心理活动。至于"创造心理"，心理学家们有不同的解释：其一，问题的解决是用"试验、错误、机遇"的途径达到的；其二，问题的解决是靠"知觉场"瞬息构造（所谓的"内在"作用）达到的；其三，问题的解决是靠出乎意料地顿悟达到的，表现为"啊哈－体验"（找到答案后，兴奋地喊"啊哈"！）；其四，问题的解决是靠潜在的下意识的工作达到（特别是在梦中）；其五，问题的解决是靠"侧视"，即能注意到重要事实的一种能力，这种重要的事实存在于作为人们普遍关注

① 保罗·费耶阿本德. 反对方法：无政府主义知识论纲要［M］. 上海：上海译文出版社，1992：10.

② 保罗·费耶阿本德. 反对方法：无政府主义知识论纲要［M］. 上海：上海译文出版社，1992：5，6.

焦点的具体事物之中，但它们却往往被聚精会神地研究该事物的人们忽略掉了。

由于心理学不涉及导致科学发现的理性过程，不能解释科学创造或发现的因果关系，由于没有"严密性"——这一可靠的逻辑支撑点，其说服力也就显得微不足道。

其四，逻辑在科学创造中究竟有怎样的作用。经过"否定之否定"之后，对科学创造机制的探究又一次回到了逻辑上。科学哲学家们认为，逻辑虽然不能直接导致科学创造，但这并不意味着逻辑在科学创造中毫无作用。

逻辑的任务不是保证产生新知识，而是评价已经获得的知识的科学性，即以无矛盾性、一贯性的观点检验理论，并检验理论的预见能否为实验所证实。也就是说，逻辑的出现应该是在科学创造之后，而不是喧宾夺主地出现在科学创造之中。逻辑方法的优点在于，它的公设和结论的普遍性，以及研究的合理性与检验的显明性。所以，在发现的逻辑被否定后，取而代之的就是辩护的逻辑，它的典型形式是实证逻辑。实证逻辑的研究是"逻辑实证主义"的一个重要方面。现代科学哲学家 K. 波普尔继承了这一路线，他的主要著作之一取名就是《科学发现的逻辑》。正如他本人所指出的：不存在诸如获得新思想的逻辑方法，或者作为这个过程的逻辑构造这类东西；每一个发现都包含着"非理性因素"。理论的发明好像音乐主题的诞生，在这两种情况里逻辑分析不能说明任何东西。逻辑只能用于理论的检验——证实或者反驳。实证逻辑清醒地认识到，"诊断"是用在"现成的"之后，至于这种理论结构的产生，逻辑应不予评论。这应该是别的学科——实验心理学的事情，① 由心理学家、社会学家们去研究。因为科学创造是跟科学家的个人心理特征以及相应的社会环境因素联系在一起的。有关这种观点，赖欣巴哈（Reichenbach，H.）在其《科学哲学的兴起》一书中表述得更清楚："对于发现的行为是无法进行逻辑分析的；可以据以建造一架'发现机器'，并能使这架机器取天才的创造功能而代之的逻辑规则是没有的。但是，解释科学

---

① M. T. 维罗舍夫斯基. 关于科学发现的实质 [J]. 赵春然译. 齐齐哈尔师范学院学报（哲社版），1996（6）.

发现也并非逻辑家的任务；他所能做的只是分析事实与显示给他的理论（据说这些理论可以解释这些事实）之间的关系。换言之，逻辑所涉及的只是证明的前后关系。"①

其五，科学创造有什么样的逻辑。我们认为，若要回答科学创造有没有逻辑，有什么样的逻辑，首先必须确定两个问题：其一，这里的"科学创造"是指科学创造的整个过程，还是对这个过程作了"之中"与"之后"的界分？其二，这里的"逻辑"有没有范围的框定。就第一个问题而言，如果做了"之中"与"之后"的界分，无疑，"之中"难言其逻辑，而"之后"则是肯定的。如果不对科学创造的过程作界分而笼统问"科学创造有无逻辑"，那么，回答将是否定的。就第二个问题而言，如若将逻辑只框定在"规律"层面上，我们认为，科学创造还是有逻辑的，否则，不仅人类的创造活动无法进行，而且人类的认识活动也无法进行。我们的坚信是建立在这样的世界观基础上的——世界是有规律地运动、发展的。如若将逻辑只框定在"以概念、判断和推理等思维形式，用类比、归纳和演绎等方法，满足确定性、无矛盾性、首尾一贯性和论证的根据性等规则的要求"这一界域中，我们认为，这个层面上的科学创造的逻辑是不存在的。这不仅为人类的科学创造史正面证实，也为科学创造逻辑探索者从反面所证实。不论是亚里士多德的演绎法，抑或培根与穆勒的归纳法，都不可能成为直接导致科学创造的理性工具。科学创造的关键环节——尤其是在突破原有的肇始阶段——只能是非逻辑、非理性的心理过程，严密的逻辑只有在对创造结果作评价时才能发挥它的检验性功能。

准此，我们将借用古人对文体的回答来作答科学创造有否逻辑的问题。或问："文章有体乎？"曰："无。"或问："文章无体乎？"曰："有。""然则果如何？"曰："定体则无，大体则有。"这就是说，科学创造的一般性规律是存在的，但具体的、可简单套用的操作性规则方法是没有的。所有的创造原理或技法也只是在启发或培养主体的创造意识方面有意义与价值，就一定导致科学创造而言，它们是无能为力的。

---

① 赖欣巴哈. 科学哲学的兴起［M］. 北京：商务印书馆，1983：178 – 179.

03

下篇

| 叩问动力 |

在阐释了科学创造何以可能，以及如何进行科学创造等基本问题之后，逻辑地追问的问题必然是创造的动力来自何方。科学创造的动力问题至少包含两个方面的含义：其一是动力的基础。就创造个体而言，就是其创造性才能方面的素质；其二是动力的开启，换句话说，是什么因素导致创造主体执着地进行着创造活动。关于创造的动力基础问题，学界主张，通过这样四个途径孕育和造就：（1）生物遗传途径——通过优生、医学方法，使人的创造力天赋得以提高；（2）物质能量作用的途径——通过益智食物、药物，以及其他通过物质能量作用改善智力；（3）动作训练——诸如游戏，完成一定任务的操作活动；（4）信息刺激——接受、处理客观事物的信息和知识的方法，包括对胎儿的胎教，对幼儿的启蒙，从少儿到成人的信息灌输和处理能力的训练。通过这四条途径，提高创造主体的创造性思维水平，塑造创造主体的创造性人格，培养创造主体的创造意识。

　　本篇主要阐述创造动力之生物遗传途径、动作训练途径和刺激途径等观点与做法，鉴于物质能量作用途径的不成熟性，以及作者在这方面的无知，本篇将不作涉猎。关于创造动力的开启问题，我们以为，可以通过社会正负压力——激励与危机等渠道，去激活创造主体的创造性。

第六章

遗传的天才

马克思主义人学特别强调，人的本质性在于他的社会性。当然，这种人的规定性并不否认人的自然属性。任何只强调某一方面的观点都是有失偏颇的。同样，在人的创造性的问题上，否认或忽视、轻视遗传性这一先天的天然因素，而只看到人的社会性这一个方面的观点也是不对的。现代科学正在以其强有力的证据表明，人的先天因素对后天的创造活动的影响是非常重要的。这种重要性，也实实在在地体现在现代科学的探索者们对遗传规律性以及智力优生的可能性的积极探索之中。

第一节 高尔顿的研究及其问题

人的创造力为什么有高有低，即便是在受到相同教育乃至于在共同的生存环境之中，仍然存在着较大差异？天才或高创造力的人从何而来，如何造就？对这些近乎"天问"的问题，早在19世纪，英国学者高尔顿就从生物遗传学的角度作了试答。

一、高尔顿研究的要义

高尔顿与生物进化论的创立者——达尔文是同时代人，其本人就是一位博学多才的天才式人物。他不仅著述丰厚，而且还广泛涉猎地理学、人类学、遗传学、统计学，以及心理学等多个领域，并有建树。高尔顿在创造力领域的独特贡献，主要体现在：首创性地使用了"档案法"和"个案分析法"，以及针对同胞子女之间遗传类似性问题而采用"问卷调查"等方法，并辅之以对人的才能或心理能力进行现实测量和评估的数据分析，对法官、政治家、指挥官、文学家、科学家、诗人、音乐家、画家以及神学家等九种类型的人物，通过其传记和谱系，对天才式人物进行了智力特征的研究。

1869 年高尔顿出版了反映其研究成果的《遗传的天才》一书，书中公布了他所研究的 977 名天才人物的智力特征。从这些人的家谱调查研究中，他发现，其中有 89 个父亲、129 个儿子、114 个兄弟，共 322 名杰出人士。而在普通人的家族中，4000 人才产生一名杰出人物。在调查 30 家有艺术能力的家族中，其子女有艺术能力的占 64%，而普通家庭的子女只有 12% 有艺术能力。由此，高尔顿认为，高才能者，也即天才式人物，是在外界条件的选择作用下通过世代遗传的结果。因此，人类的种系便如同一般生物种系一样，也可以通过"人工选择"的途径，予以改善和促进其发展。也就是说，经过一代一代地主动选择才能优异者进行婚配，便可能达到出现高才能或高创造力人物的目的。①

二、创造才能遗传研究的合理性问题

高创造性才能者与低创造性才能者呈家族性聚集的现实，积极地支持着高尔顿的结论。最著名的便是"爱德华 – 朱克"现象：美国人爱德华是一个博学多才的神学家、哲学家，他的子孙已传 8 代。在这些子孙中，有 3 人当了大学校长，100 多人当了大学教授，60 多人当了文学家，1 人当了副总统，1 人当大使，20 多人任上下两院议员。与其同时代的美国人朱克，是一个酒鬼、赌徒，其子孙也有 8 代，其中 300 多人成了乞丐和流浪者，7 人因杀人罪而被判死刑，63 人因盗窃等罪被判刑，因喝酒夭折或致残者 400 多人，50 人住济贫院。

但是，高尔顿的研究也存在片面性，即把天才人物或高创造性才能者的产生完全归结为遗传的因素，而忽视了社会环境的作用，也就是因为这一点，高尔顿的理论在一段时间内甚至被彻底否定。今天，当人们辩证地看待先天和后天的作用时，科学终于可以给这个问题以一个比较正确的回答。我国学者林崇

---

① 傅世侠，罗玲玲. 科学创造方法论［M］. 北京：中国经济出版社，2000：96 – 103.

德在对同卵双生子与异卵双生子的比较研究后，得出了这样的结论：（1）遗传是儿童心理发展的生理前提和物质基础。遗传的作用对运算能力的发展影响是显著的。（2）遗传因素越近，学习成绩相关系数越大。（3）遗传对智力品质也有影响，他们在运算测验中所表现出来的速度和灵活性，以及完成习题和难题的程度，是不相同的。（4）在语言出现早晚、语声高低粗细、说话多少、掌握词汇量的多少等方面，同卵双生子差别不大，而异卵双生子有明显的差异。①

　　学者们进一步研究发现，智商②的70%是由遗传决定。据我国科学家测

---

① 姜晓辉. 智力全书［M］. 北京：中国城市出版社，1997：234 – 235.

② 所谓智商，就是智力商数的简称，英文缩写为 IQ（intelligence quotient），是测验一个人的智力发展水平所得到的结果。智力又称智能、智慧，亦可泛指一个人的聪明才智。测验智力的方法有两种，一种是比率智商，是将某人通过测验得出的"智力年龄"（MA）与其实际年龄（CA）之比乘以100。其公式为：IQ ＝智商（MA）÷实龄（GA）×100。式中的 IQ 是智商，MA 为智力年龄，CA 为实际年龄（生理年龄）。例如，一个 8 岁的小孩，但智力达到 10 岁水平，那他的智龄就是 10 岁，他的智商就是 IQ ＝（10÷8）×100 ＝125。人们对智商与智力作了如下相关性等级划分，即：

智商　　　　　智力等级
140 以上　　　近似天才或天才
120 – 140　　 非常超常的智力
110 – 120　　 超常的智力
90 – 110　　　平常的智力
80 – 90　　　 愚笨
70 – 80　　　 近似缺陷
70 以下　　　 低能

由于个体智力发育到一定年龄就不能再递增或增长减缓，故比率智商只适用于 15 岁以下少年儿童。另一种是离差智商，即各年龄组被试的标准分数，它的平均智商为 100，标准差为 15. 计算方法是：IQD ＝15Z ＋100. 式中 IQD 是离差智商，Z 是标准分数，Z ＝（X － M）÷S，意即以标准差 S（即随意一个年龄水平所有受试者所获总分的标准差）为单位的任何原始分数 X（即随意年龄水平上某人所获得的测验分数），与同龄组分数平均数 M（该年龄水平上所有受试者所获总分的平均数）的差距。例如，某人原始分数 X ＝98；标准分数 Z ＝（98 － 80）÷9 ＝2；15Z ＝30；IQD ＝130。即有约 97.72% 的同龄被试成绩不如他，只有约 2.26% 的同龄被试成绩超过他。由于离差 IQ 能够解决个体智商变异性问题，显得较为合理。一般认为，智商相对稳定，但在良好环境、教育训练和个体主观努力下，智商可以有一定幅度的发展变化。参见林传鼎. 智力发展的心理学问题［M］. 北京：知识出版社，1985：32 – 33. 近年来，学界又时兴对情商 EQ（emotion quotient）进行研究。情商是人的情绪智商。研究表明，智商只是高创造性才能的必要条件，创造力还会受到很多认知倾向的影响。

定，中国儿童智力的遗传度为 64.3%。其中学龄前儿童约为 65.6%，学龄期儿童为 63%。① 不可否认，作为智力发育的潜在的先天物质基础，遗传的作用是不应该被我们忽视的。

创造力的培养与开发之所以关注遗传问题，是因为：智力与遗传是有密切相关性的，而创造性才能与智力又有密切的相关性。这种相关性在 20 世纪 50 年代，美国心理学会主席 J. P. 吉尔福特在其《创造性才能：它们的性质、用途与培养》一书中就已指出过：尽管创造性测验与用以测验智商的测验是非常不同的，但一旦涉及对被试既要测量其智商，又要评价其创造性才能的诸方面时，智商与创造性才能之间就有一种小的却又有趣的关系。如图 6 - 1。而且，它们之间还有一种单向的关系——智商低的人在创造能力方面肯定是低的。智商高的人，几乎分布在创造性才能整个变动范围的任何一个点上。

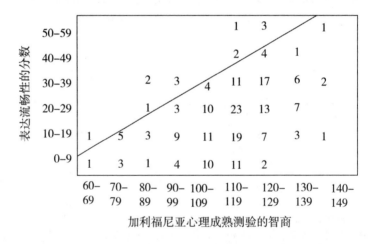

图 6 - 1　一项与智商水平有关的流畅性能力测验成绩分布图

这是一项言语 - 语义方面的典型的流畅性测验情况

引自 J. P. 吉尔福特. 创造性才能：它们的性质、用途与培养. P. 41

如果智商低于 110，那么这个人看来几乎就没有可能成为高创造性才能

① 熊益群. 小儿智力发育 300 问［M］. 北京：中国中医药出版社，1998：24.

的人。同样，智商高看来是言语创造性才能高的一个必要条件。① 所谓必要条件，也就是"有之不够，无之不行"。这就是说，高智商并不一定会有高创造性才能，但低智商则绝对不会有高创造性才能。J. P. 吉尔福特的这种观点，也为我国学者的实证研究所证实。他们运用 TTCT - A② 和 CRT 对 513 名小学四年级学生进行测试，发现创造力与智力在整体上正相关十分显著。IQ在 90 以上的都可能有高创造。高智者与高创造力者的相关性更大。创造力高者中，大多 IQ 在 110 以上，在 79 以下者不可能有极高的创造力。③

今天，当我们再次回想起行为主义心理学派代表人物之一 J. 沃森（Watson, J. B.）在 1926 年的一本书中所说的那些话——"我保证，不管一个孩子的天资、爱好、意向、能力、禀性及其祖先的种族如何，都能把他培养成为我可选择的任何类型的专家——医生、律师、画家、大商人，甚至乞丐和小偷"④，我们不禁感叹，这是一个多么片面的论断。作为一项系统工程的创造力培养与开发，如果我们今天还不注重创造力的物质基础——生理前提，不关注遗传问题，不能不说是一个不可原谅的极大失误。

第二节　创造才能视域中的遗传研究与基因工程

如果说由于认识水平和技术手段等原因，使高尔顿对天才人物或高创造性才能者的研究带有很强的神秘性的话，那么，现代遗传学及基因工程，则

---

① ［美］J. P. 吉尔福特. 创造性才能：它们的性质、用途与培养［M］. 施良方，沈剑平，唐晓杰译. 北京：人民教育出版社，1991：40 - 41.
② TTCT 测验即托兰斯创造性思维测验。TTCT 可以分为图形测验、使用非言语刺激的言语测验（以图形刺激，但使用语言回答）和使用言语刺激的言语测验三种。TTCL 采取四项评分标准：流畅性、灵活性、精细性和独特性；CAT 是专家评估法，又称之为"一致评估法"。它的基本做法是：精心设计作业，要求被试完成；请专家独立地对产品（作业结果）的创造性作出评价；算出专家们评价一致性的程度，如果在统计上是可以接受的，评价者的平均判分就可以看作是该产品的创造性指标。参见罗玲玲. 创造力理论与科技创造力［M］. 沈阳：东北大学出版社 1998：57 - 63.
③ 段继扬，程良道. 关于创造力与智力的相关研究［J］. 信阳师院学报，1998（2）.
④ 转引自邱仁宗. 当代思维研究新论［M］. 北京：中国社会科学出版社，1993：3.

可以较为彻底地揭开高尔顿所遗留下来的那一层神秘的面纱。

一、遗传研究的简要历程

历史地看，高尔顿对天才作遗传的研究，并不完全是由个人的"灵感闪现"所致，也不完全是"孤军奋战"：一方面，他受到了同时代的科学伟人达尔文的进化论思想的影响；另一方面，与现代遗传学说的奠定者孟德尔（Mendel，G. J.）对遗传研究有一定的联系。可以说，高尔顿的时代是一个张扬遗传的时代。

远在19世纪60年代，奥地利宗教人士、遗传学家孟德尔用豌豆做试验，经8年的悉心研究，揭示了两条重要的遗传规律，即遗传因子的分离定律和自由组合定律，为现代遗传学奠定了基础。美国遗传学家摩尔根（Morgon，T. H.）继承了孟德尔学说，选择果蝇做实验动物。1915年，他出版了总结果蝇研究成果的《孟德尔遗传机制》一书，用大量确凿的实验资料证明染色体①是遗传因子的载体，并且借用数学方法，精确地确定了遗传因子在染色体上的具体排列位置，给染色体——遗传因子理论奠定了可靠的基础。1917年摩尔根开始把"遗传因子"叫作"基因"（gene），并且，基因被看作是染色体上占有一定空间的遗传单位实体。

1869年，瑞士生物化学家米歇尔（Miescher）发现，细胞核不是由蛋白质组成的，它主要是由一种含磷的物质组成，有酸性，所以称作"核酸"。1911年，俄国出生的美国生物化学家莱文（Levene，P. A. T.）在实验中发现有两种不同的核酸：一种是含有与普通糖成分不同的核糖，称做"核糖核酸"（RNA）；另一种核酸中的核糖少了一个氧原子，故称作"脱氧核糖核酸"（DNA）。1934年，莱文进一步发现核酸的成分是由四种核苷酸组成，每一种核苷酸都是由碱基、磷酸和核糖三部分构成。1953年，美国生物学家

---

① 所谓染色体，乃是细胞分裂时出现于核内的杆状结构物。因为能被碱基性色所染色，故名染色体。染色体的数量和形状因生物特性而特定。例如，人类男女均为46条染色体，其中22对，即44条为男女所共有，称为体染色体；其余两条，男女有别，称为性染色体。性染色体，男子X染色体和Y染色体各一条，女子则有两条X染色体。

沃森（Watson，J. D.）和克里克（Crick，F.）不仅发现了 DNA 分子的双螺旋结构，而且还解释了遗传物质 DNA 的复制机理——DNA 分子能够准确地复制自己，通过亲代 DNA 分子复制生成子代 DNA 分子，使得 DNA 所贮藏的遗传信息一代一代地往下传递。此后，科学家通过 DNA 核苷酸顺序的分析测定，得知一个 DNA 分子可以携带几个乃至很多个遗传基因，而遗传基因是 DNA 分子的一个片段。这个片段的大小依基因而异，从几十个到几千个核苷酸不等。因此，遗传基因是 DNA 分子上一个核苷酸顺序特定的功能片段。

　　19 世纪末，科学家不仅证实了自然界存在不同种类担负着不同职能的蛋白质，而且了解到不管哪一种蛋白质，在水解以后，都会产生一类简单的化合物，即氨基酸。到 1935 年，确知构成蛋白质的有 20 种氨基酸。1967 年，美国人尼伦伯格（Nirenberg，M. W.）完成了遗传密码的破译工作，他发现 20 种氨基酸和它们相对应的核苷酸的排列方式，即 3 个碱基决定一个氨基酸，并且列出了 20 种氨基酸的密码。这样，DNA 所带的遗传特异性，以互补决定了信使 RNA 的特异性，信使 RNA 所带的特异性按其密码，决定了蛋白质的特异性，从而决定了生物的各种性状。①

　　1973 年，鲍耶（Boyer）和科恩（Cohen）领导的研究小组，在试管里把两种细菌的 DNA 分子拼接到一起，然后再转移回细菌中，结果得到一个兼有两种细菌特性的新细菌。这项工作标志着人类按照自己的意愿定向改造生物的时代开始……

　　经历了一个多世纪的发展，遗传科学既取得了巨大成绩，也面临着很多新的课题。有人指出，21 世纪遗传学面临的根本问题有三个：一是遗传的物质基础，即基因问题。人类基因组计划，就是要弄清基因的结构和功能；二是个体发育问题，即从一套基因组，一个受精卵怎么能发育成一个个体，由什么基因来调控和决定胚胎在什么时候发育成眼睛，什么时候发育成四肢，等等；三是系统发育问题，即在分子水平上弄清为什么能从原始生物一直发

---

　　① DNA 分子中的遗传信息指导蛋白质合成，其过程包括两个步骤：转录和翻译。转录即 DNA 中的遗传信息流入 RNA；翻译即 RNA 中的遗传信息流入蛋白质。可以用这样的公式来表示其中的关系：即 DNA→复制→DNA→转录→RNA→翻译→蛋白质。参见方宗熙. 遗传工程［M］. 北京：科学出版社，1984：28.

展到复杂、高等的人类。①

二、基因工程与人类基因组计划

基因工程也叫作重组 DNA 工程，是在分子水平上进行的遗传工程。由于基因是 DNA 分子的一个片段，而作为载体的病毒或质粒也是 DNA 分子，因此，把人所需要的基因跟载体 DNA 连接在一起，使两种成分的 DNA 连接起来，组成新的 DNA，所以称之为"重组 DNA"。基因工程的大致思路是：利用限制性核酸内切酶把 DNA 分子在特定的序列位置上切开，以取得所需要的基因（或利用 mRNA 取得所需要的基因），利用 DNA 连接酶把断开的 DNA 分子实现彼此连接。按照人们的需要，通过基因重组技术，将不同生物的基因，在体外进行分离、剪切、组合、拼接，然后把人工重组的基因，转入宿主细胞内大量复制，使新的遗传特性得到表达，从而人工构建新的生物，或赋予原有生物以新的功能。基因工程显示：它可以根据人们的需要、愿意和目的，定向改良生物，创造人类所需要的新物种。由于直接操纵遗传物质——基因，就可以改变生物遗传特性，导致其变化的速度大大加快。比如，在医学上，治疗糖尿病的特效药——胰岛素，过去都是从牛、猪等动物的胰脏里提取，从 100 公斤原料中只能提取 3 - 4 克，价格昂贵。1980 年，科学家成功地将动物体内的胰岛素基因分离出来，并让它跟质粒结合，然后让它进入大肠杆菌里，这样，大肠杆菌就可以成批量地制造出胰岛素来，为世界上数千万糖尿病患者带来了福音。无疑，基因工程也必将为人类将来的创造力开发助一臂之力。

人类的遗传主要是通过染色体上所携带的遗传信息进行的。就人的种族遗传而言，人的体细胞含有 23 对染色体，而每条染色体的 DNA 分子大半含有数以千计的基因。作为遗传效应 DNA（脱氧核糖核酸）分子的片段，基因是生物遗传物质中的基本单位，是 DNA 分子上具有遗传效应的特定核苷酸序列的总称。生物的各种性状，如人体的结构和各结构的功能，归根结底都是受基因控制的，我们眼睛的大小、头发的粗细、血型的类别甚至于某些疾

---

① 曾溢滔. 转基因动物与生物医药产业［J］. 世界科技研究与发展，1999（5）.

病的发生等，也取决于基因。基因可以通过复制把遗传信息传递给下一代，可以使遗传信息得到表达，也就是使遗传信息以一定的方式反映到蛋白质的分子结构上，从而使后代表现出与亲代相似的性状。

由于基因不仅是一个在上下代之间进行物质遗传的基本单位，也是一个功能意义上的独立单位，所以，现代遗传科学便逐渐将关注的视点集中在它的身上。人类基因组计划（Human Genome Project 简称 HGP）就是在这种背景下提出的。1984 年，在美国犹他州阿尔塔召开的一次学术会议上，科学家们首次提出测定人类的全部基因序列的设想。1990 年，美国的"人类基因组计划"正式启动。此计划旨在阐明人类基因组 30 亿个碱基对的序列，发现所有人类基因并搞清其在染色体上的位置，破译人类全部遗传信息，使人类第一次在分子水平上深刻地认识自我。但了解人体内各种基因的序列（结构）仅仅是基础，人类基因组测序工作完成之后，下一步就是要弄清它们的各自编码、功能及其相互间的作用。

人类基因组计划有中、美、日、德、法、英等 6 个国家的科学家及美国的塞莱拉（Celera）公司齐头并进。HGP 有包括在美国的 4 个大型测序中心、英国剑桥附近的桑格中心以及在日本、法国、德国和中国的实验室，共有 1100 多名科学家参与此项工作。原计划是用 15 年时间、花 30 亿美元把人类基因组的全部 DNA 序列测定出来，由于科技进步的速度大大超过人们的想象，计划进展大为提前，现已取得不匪的成就。如 2000 年 6 月，科学家们宣布已绘制出了组成人类基因组的 30 亿 DNA 碱基对（或单位）的图谱；2001 年 2 月 12 日又宣布：基因数量少得惊人———一些研究人员曾预测人类有 14 万个基因，但塞莱拉公司认为只有 2.6383 万到 3.9114 万个之间；人类基因组序列中存在着包含极少或根本不包含基因的部分，基因组上大约 1/4 的区域是长长的、没有基因的片段；35.3% 的基因组包含重复的序列；地球上人与人之间 99.99% 的基因密码是相同的。研究发现，来自不同人种的人比来自同一人种的人在基因上更为相似。在整个基因组序列中，人与人之间的变异仅为万分之一，等等。可以相信，人类基因组计划的全面实现，将有利于人们解开人类的遗传、生长、发育、衰老、死亡，乃至个性和行为等生命活动之谜。

遗传学、基因工程和人类基因组计划的研究，使人们渐渐萌生了这样的信念：人类总会有一天能够实现对高创造性才能者的"制造"或"修复"。尽管人类基因组工作已经取得了不少成就，但这还仅仅是开始，正如美国的人类基因组研究人员所说的："对于那些破译了人类遗传密码的社团和政府参与者来说，这如同驯骑野马，妙趣才刚刚开始。"① 我们相信这样的一天肯定会到来，那就是：未来的对创造主体的创造力的培养与开发，将会按照我们的意愿，用科学的手段进行"制造"！

第三节　种种优生的说法

在科学尚未能够为我们"制造"式地进行创造力的培养与开发之前，经验归纳性的优生学还是有它存在、普及和发展的必要性和合理性。

优生学，开端于 1883 年，为高尔顿所首倡。虽历经辩驳的"风风雨雨"，但这门新兴学科还是以顽强的生命力生存下来。1960 年，美国遗传学家斯特恩依现代科学分类方法将优生学分为正优生学和负优生学。正优生学（演进性优生学）主要是研究增加与促进在体质和智力上有利的基因数量，建立精子和卵子库，进行胚胎移植、试管婴儿、基因重组与基因治疗，即把具有优良体质、高度聪明才智，无家族遗传病的科学家、诺贝尔奖奖金获得者的精子贮存起来，采取基因工程操作，以供求精妇女进行人工授精。负优生学（预防性优生学）是研究防止、减少有严重遗传病的患儿出生，排除人群中已经存在的有害因素，降低产生遗传病个体基因频率的途径等。②

尽管现代优生学还非常不成熟，对优生规律的总结还处在或然性与可能性的阶段，但是通过现实事例所显示的规律性而建立起来的一些优生理论，比如孕前夫妻生活上有不良嗜好——诸如酗酒、吸毒、生活无规律等；夫妻为近亲联姻、有某种（些）不宜于生育的遗传疾病等，都会影响到下一代的体质与智力等观点，还是广为人们所接受的。作为对创造性才能的培养与开

---

① Kathryn Brown. 当前的人类基因组工作 [J]. 曹书朝译，冉隆华校. 科学，2000 (10).
② 梁志成. 遗传优生与生殖工程 [M]. 广州：暨南大学出版社，1992：2.

发研究，我们对优生学的关注在于其正优生学（演进性优生学）的方面。这里我们介绍一些有利于塑造高创造性才能后代的优生观。当然，这些观点的真理性是有待于实践的进一步检验的。需要说明的是，我们在这里所述的问题论域，只框定在子代身上，而不溯及亲代自身的素质问题。

一、最佳生育年龄

　　法国遗传学家摩里士的研究成果表明，年龄在30－35岁的男人所生育的后代是最优秀的。摩里士说，男性精子素质在30岁时达到高峰，然后是持续5年的高质量。生理学家公认，女性在23－30岁之间是生育的最佳年龄段。这一时期的女性全身发育完全成熟，卵子质量高，若怀孕生育，女性并发症少，分娩危险小，胎儿生长发育好，早产、畸形儿和痴呆儿的发生率最低。这时夫妻双方生活经验较为丰富，精力充沛，有能力抚育好婴幼儿。从年龄上看，男女生育的优化年龄组合应是前者比后者大7岁左右为宜。近年来，有关学者发现，一些"神童"与其父母的"大差龄"有相关性。如俄国伟大的作曲家柴可夫斯基的父亲比母亲大18岁，科学家居里夫人（Curie, M. S.）的父母年龄也相差14岁等。①

---

① 有人曾对杰出人物出生时，其父母的年龄作了部分考证：

姓名	父亲年龄	母亲年龄	父母年龄差
达·芬奇	25	22	3
屠格涅夫	25	30	－5
莱蒙托夫	27	17	10
狄更斯	27	23	4
普希金	29	24	5
果戈理	32	18	14
爱因斯坦	32	21	11
贝多芬	32	22	10
拜伦	33	23	10
海涅	34	26	8
契科夫	36	25	11
席勒	36	27	9
歌德	39	17	22
费米	44	30	14
柴可夫斯基	45	27	18
萧伯纳	45	28	17

当然，我们不应该过分看重这些例举本身，因为，与这些相反的个案也不难举出。但是，我们没有理由不相信这样的道理：父亲年龄大，智力相对成熟，遗传给下一代的"密码"更可靠一些；而母亲年轻，生命力旺盛，会给胎儿创造一个更良好的孕育环境，有利于胎儿的发育生长，所以，这种"优化组合"生育的后代才更易于出"天才"。

二、生物节律把控

正优生学的宗旨在于促进智力和体力上优秀个体的繁衍。受孕的时机问题就是要说明何时受孕为最佳时机。古人云："良宵佳境，夫妻心情平和舒畅交媾而孕者，其后代不仅长寿，而且智慧过人"，故有"情深婴美"之说。现代内分泌学，也为这种观点提供了医学上的依据。为此，生物节律问题成为优生者所特别重视的问题。所谓生物节律，也就是人们日常所说的生物钟，是指生物伴随着时间的变化而作周期变化的规律。每一个人从出生到生命终结，每个月都存在着生物节律的高潮和低潮期。处于高潮期，人的精力充沛，开朗豁达，心情愉快，并表现出强烈的创造力和丰富的艺术感染力，而且头脑灵活，思维敏捷，记忆力强，比平时更具有逻辑性；而在低潮期，人在体力上容易疲劳，做事马虎、拖拉，情绪烦躁易怒，反复无常，思维反应迟钝，注意力涣散，容易遗忘，判断力降低。在高低潮交界之间为临界期，是一个极不稳定的时期，机体各方面的协调性差，易患疾病，易出差错，易发生事故。制约人情绪的生物钟周期是28天，制约人体力的生物钟周期是23天，制约人智力的生物钟是33天。人的这三种生物钟，又是相互影响，密切相关的。当人的三种生物钟都处于周期线上时，就会情绪高昂，精力充沛，智力高，是最能"如愿以偿"的理想的状态。①

我们以为，创造力的培养与开发，应该提前到青年择偶时，即所谓的 - 2岁时期，而不应将注意力完全局限在"人"（乃至于胎儿）的身上。

本章小结

遗传、优生与创造

既往的创造力培养与开发往往只注重于儿童、青少年及成人，随着优生学的发展，遗传、优生与创造力开发已然联系在一起。我们一直以为，不把创造力培养与开发作为一项系统工程去进行，今天对胎儿实施胎教，明天又任其自然发展，再后来又是对青年或中老年进行创造力培养与开发，这样的工作方式只能是劳民伤财、事倍功半，很难实现培养与开发的初衷，达到培养与开发的目的。

遗传是创造主体创造性才能的物质性的生理基础与前提，不注重遗传层面的创造力培养与开发，就犹如在沙滩上建造高楼大厦；当然，注重遗传是

---

① 生命节律的计算方式：生命节律是从人出生那天开始的，计算也就必须是从出生的那天开始。由于农历每年的实有天数和闰年天数差距较大，计算起来比较复杂，所以，一般可用公历来计算。比如：某人是 1980 年 4 月 21 日生，计算他在 2001 年 4 月 20 日的体力，情绪和智力各处于什么时期，就可以作这样的计算。（1）生存天数：（一年天数）365 ×（岁数）（2001 - 1980）= 365 × 21 = 7665；公历每 4 年 1 闰年，21 年中共有 5 个闰年，每个闰年是 366 天，因此，还得加上 5 天。由于 1980 年 4 月 21 日到 2001 年 4 月 20 日，并不是 21 周年，还差 1 天，所以还要减去 1 天，即：7665 + 5 - 1 = 7669 天。那么，其体力节律是：7669 ÷ 23（体力节律周期天教）= 333……余 10，这就是说，某人的体力节律共度过了 333 个周期，现在正是第 334个周期中的高峰期；其情绪节律是：7669 ÷ 28（情绪节律周期天数）= 273……余 25，即某人的情绪节律正处于低潮尾端，还有 3 天才能转向高潮期；其智力节律是：7669 ÷ 33（智力周期天数）= 232……余 13，即某人的智力节律正处于第 233个周期中的高潮期。在高潮期日上加周期数，可以得出无数个周期数列。如以某人的智力节律的余数 13 加上 33 即有：13 + 33 + 33 + 33 + …… = 46、79、112……等等。参见国良、石青．神童、天才与优生［M］．天津：南开大学出版社，1993：151 - 156.

为了优生，优生并不是我们的最终目的，只是在构筑基础而已，优生只有与优养、优教结合起来，才能达到我们的目的，实现我们的目标。此即所谓"生、养、育、用"一体化的创造力培养与开发——生养是基础，教育训练是中心，运用才是关键。用，是创造力培养与开发的目的；用，也是激发创造力的现实有效的途径。

第七章

创造的动力

优良的先天遗传有可能为高创造性才能者提供一个良好的体质与智力（或个性）基础，但创造性才能的现实发挥，还需要有很多促动因素。犹如一桶汽油，它虽蕴含着极大的能量，但没有火花的引发，它的能量始终只能是潜在的而不可能显在化。"外因只有通过内因才能发挥出它的应有的作用"，"行为是受动机支配的"，在探讨创造的动力时，这两条哲学与心理学的基本原理对我们同样具有指导意义。我们认为，不论外在因素如何，内因是根本。探索创造的动力，应着眼于创造主体的内在驱力。当然，这样说，丝毫不意味着对外在因素的拒斥。

第一节 创造动机的学说

行为是受动机制约的。动机是行为的源，而且是直接之源。动机启动行为，决定着行为的指向和行为的持续。作为行为的内启力，动机由心理与生理两个方面形成。心理和生理的需要，综合形成动机，生理是先天的，而心理内启力是社会的、后天的产物。创造行为作为人的所有行为中最为积极的一种行为，当然也会受到动机尤其是创造方面的动机制约的。创造动机是创造性才能得以施展的动力源。在我们探讨创造动机之前，有必要先了解一下人的一般行为的内在动机问题。

历史上，精于以深邃的思辨方式探讨问题的思想家们，并没有回避对动机本源的思考，但大多只是从人性善恶假设的角度来解释人的行为动机。虽然这些解释缺乏严格的科学实证，但它确为后来的心理学动机理论提供了思想先导。现代心理学派秉承不同的动机理念，用更为倾向于实证的方式提出了种种动机的类型，诸如成就动机、社会赞许动机（来自于自尊、自爱的心理需要追求）、支配动机（有参与）、安全动机（优势动机）、探索动机（好奇、满足欲望、创造需要为前提的）等等，进而形成了多种动机理论，比如，本能论、驱力论、认知论、社会学习论和需要层次论等。

我国学者郭永玉对不同时期的心理学派所形成的本能、驱力、认知、社会学习等动机理论作了梳理，这里，我们将以其《行动的驱动力：心理学家的解释》一文为主要背景资料，对动机理论略作评介。

一、本能论

本能论的动机理论将个体行为的动力归结为本能，即生来就有的倾向。英国心理学家 W. 麦独高（Mcdougall，W.）认为，本能就是遗传的倾向，它是人的行为的天生的推动力，也是人的个性形成和发展的基础。他把本能区分为特殊的和普通的两大类：特殊本能主要有求食、逃避、好奇、拒绝、争斗、生死、求知、自夸、自卑、父母爱、建设等；普通本能主要有同情、暗示、模仿等。本能是一种原始的动态的过程，它使人对特定的刺激格外敏感，在认知上优先注意这一刺激，并产生相应的情绪，进而使个体的行为趋向特定的目的，其中情绪是这一过程的核心。在后天生活中，人的本能虽受学习的影响而发生变化，但本能的核心难以改变。本能积蓄也就是行为动力的积蓄。

本能论的另一个代表人物是精神分析学派的 S. 弗洛伊德（Freud，S.）。S. 弗洛伊德把人的身心组织看成一个能量系统，并认为，能量可以被压抑，但不能被消除。能量必须寻找释放的途径。这些能量就是与生俱来的本能。S. 弗洛伊德早期把本能分为性本能和自我本能。自我本能是回避危险，使自我不受伤害的本能。他最重视的是性本能，并将性本能的能量称为力比多（libido），把它看成是人类行为的最重要的动力。力比多寻找满足的过程通常是不顺利的，往往要受到压抑。真正通过两性生活得以释放的力比多仅仅是一小部分，那些被压抑的欲望通过做梦、玩笑、变态行为等释放出来。力比多被压抑后就作为无意识动机来支配人的行为，因此，艺术、科学等创造性活动也都是性欲（力比多）的升华。

由于本能论陷入了这样一个困难的循环论证——某人经常争斗，为什么？因为他有强烈的攻击本能。怎么知道他有这种本能？因为他经常争斗。这种循环论证即使"本能论"能够解释一些行为，但又解释不了任何行为，从而致使其赞同者越来越少。1913 年，当行为主义心理学派兴起以后，本能论就逐渐为行为主义的驱力论所代替。以 K. 洛伦兹（Lorenz，K.）为代表的动物学家复兴本能概念时，那已是 30 年代以后的事。

以 K. 洛伦兹为代表的动物学家曾创立了在自然环境中研究动物行为的习性学。① 习性学将"本能"定义为：某种动物所特有的天生的固定动作模式。其行为特点是：（1）天生的；（2）从一个时期到另一个时期，它是不变的；（3）在同一种属的所有成员身上都可以见到；（4）这种模式是某一种属所特有的。而这样的"本能"能否被激发出来，取决于两个条件：一是动作的特殊能量，一是符号刺激。前者由遗传而获得，每积累至一定程度就要求释放；后者是环境中的某种特定的能使动作特殊能量释放出来的刺激。如松鼠埋藏坚果的动作模式，可由任何又硬又圆的物体所激发。把一个钢珠放在水泥地上，松鼠也会做出一系列动作企图埋藏它，尽管它不是坚果，也没有松土。习性学为以往心理学中的本能论提供了较为可信的实证研究，从而使本能论在今天的学术界中仍有一席之地。

二、驱力论

以走出心灵主义，走向实证主义为学派精神的行为主义，否定本能论，主张驱力论。行为主义者 W. B. 坎农（Canon，W. B.）认为，行为的动力是有机体内部失去平衡（如饥饿）后所产生的驱力，这种驱力使个体通过某种行为而恢复到平衡状态。新行为主义心理学家 C. 赫尔（Hull，C.）认为：个体的行为起始于内驱力。内驱力是由组织需要的状态引起的，其功能是引

---

①　他们也因此项研究而赢得了 1973 年的诺贝尔生理学或医学奖。

起或激起行为。内驱力的力量可以根据剥得的时间长度或引起的行为强度、力量或能量消耗从经验上加以确定。任何一种剥得（如食物，水，性等）都同样（虽然程度或许不同）有助于内驱力。内驱力有原始内驱力和继起内驱力之分。所谓原始内驱力是同生物的需要状态相伴随，并和有机体的生存有着直接而密切的关系。这些内驱力产生于身体组织需要的状态，它包括饥、渴、空气、体温调节、睡眠、性、解除痛苦等。这是有机体基本的先天作用，是维持生存所必需的；继起内驱力是就情境而言的，这种情境是伴随着原始内驱力而降低，其结果就成为内驱力本身。这就意味着，以前的中性刺激由于能够引起类似于由原始需要状态或原始内驱力所引起的反应而具有了内驱力的性质，也就是习得的内驱力。显然，内驱力的降低是强化行为的唯一基础。① 如果行为结果导致驱力降低，那么以后同样的驱力就会引起同样的行为反应。使内驱力得以降低的刺激物与行为之间的多次联结就形成习惯，习惯又会形成一种内驱力来影响行为。

三、认知论

认知论者从个体对影响自己行为的环境中的事物的认知、理解、解释的角度，研究动机的产生和改变。这种理论认为，凡是个体有目的的活动都受个体对环境中事物及环境与自己行为关系的认知所支配。较有影响的动机认知理论，主要是认知失调论和归因论。

认知失调论是由 L. 费斯延格（Festinger，L. ）在继承其老师 K. 勒温（Lewin，K. ）的思想上提出的。这种理论认为，个体在心理场中有一种寻求平衡的倾向。如果心理上失去平衡，个体就会感到紧张和不适，这种张力驱使着个体去恢复平衡，从而产生行为。当个体对同一事物产生两种（或多种）彼此矛盾的认知时，就会产生认知的失调。这种失调会推动人做出消除失调恢复平衡的行为。比如，吸烟者一方面知道自己是吸烟的，同时又认为吸烟是无害的，这两种认知之间就是协调的。如果得了病，医生说是吸烟造

---

① ［美］D. 舒尔茨. 现代心理学史［M］. 杨立能等译，北京：人民教育出版社，1985：262－263.

成的，这样吸烟有害与他爱吸烟，这两者之间就出现了不协调。这时他就要在戒烟或继续抽烟之间进行选择。如果他相信医生的话，改变原来的观点，那么他就得戒烟，认知失调的感受消失。如果寻找各种理由去反驳医生的话，仍然认为吸烟无害，那么他就会继续吸烟，认知失调也会消除。总之，行为就是来自于某种认知上的失调。

归因论的创始人是 F. 海德（Heider，F.）。所谓归因就是对他人或自己行为的原因给予解释的心理过程。归因主要是社会心理现象，但对个体行为的归因也会影响到同类今后行为的动机，所以也可用归因论来解释动机。比如，一个学生将某次考试成绩不佳归因为运气不好，或归因为自我努力不够，这两种归因都会影响其以后的学习动机。归因为运气则不会激发其学习动机，归因为努力不够很可能会激发其学习动机。

F. 海德将人的归因倾向分为两种，即外向归因和内向归因。外向归因是将行为原因归结为环境因素，如工作难易、运气好坏；内向归因，即将行为原因归结为个人内部的因素，如能力高低、努力程度等。B. 韦纳（Weiner，B.）提出，一个人对自己行为的成败进行归因时，通常是从以下 6 个方面着手的：对自己能力高低的评估；对自己努力程度的反省；对工作难度的评价；对运气好坏的感受；对身心状况（心情或身体好坏）的认知；以及别人对自己工作表现的褒贬评价（别人反应）等。不同的人在面临成败时的归因倾向，在这 6 个方面的组合是不同的。不同的归因无疑会导致不同的行为产生。

四、社会学习理论

社会学习理论的创始人 A. 班杜拉（Bandura，A.）。A. 班杜拉试图综合行为主义和信息加工的认知心理学，建立一种新的动机理论。他于 1982 年提出自我效能论用以解释动机的形成。他认为，个人在目标追求过程中，如果面临一项具体工作时，对这一工作动机的强弱，主要取决于个人的自我效能的高低。所谓自我效能是指个人对某种活动有过一些成败经验后，对自己相应的能力所形成的评估。自我效能的形成过程也是一种认知过程。自我效能高，则动机水平高。所谓"艺高人胆大"，"艺高"是自我效能，"胆大"便是动机。

A. 班杜拉认为，自我效能的高低与对高低评估的正确与否来自于四个方面的学习：（1）直接经验，即个人对某种活动的切身经验；（2）间接经验，即个人通过观察他人从事某种活动的成败情形，而推论出自己从事该活动将会出现何种情形；（3）书本知识，从有关某种活动的书面材料中获得的知识；（4）体能训练，即经过适当的体能训练后，对自己身体的状况能否适应某种工作所做的评估。

1986 年 A. 班杜拉又进一步提出，个体已经习得的行为，在以后的生活情境中是否能够表现出来，就是说是否有表现已习得的行为的动机，取决于情境中是否存在积极的诱因，而这种诱因又来自于三个方面：（1）直接诱因。如果发现表现某种行为能导致奖赏或有益的结果，他就倾向于表现这种行为；如果发现表现某种行为会导致惩罚或无益的结果，他就倾向于不表现这种行为。（2）替代诱因。看到他人行为获得奖励或成功，会增加自己表现这种行为的倾向；看到他人的行为遭到惩罚或失败，就会减少自己表现这种行为的倾向。（3）自我生成的诱因。根据个体自己的标准，个人愿意表现那些令自己满意的行为，不愿意表现那些不能使自己满意的行为。① 当人既具备了习得的行为动机（潜在的行为），情境中又存在着积极的诱因时，那么，潜在的行为就会外化为现实的行为。

五、需要层次论

需要层次论是美国现代心理学学派——人本主义心理学的主要观点。在现实的心理活动中，动机与需要之间是没有明确的界线的，所以，人们普遍接受将需要理论也视为一种重要的动机理论。人本主义心理学派的 A. H. 马斯洛（Maslow，A. H.）是对需要层次论作出最为系统的阐发者，他也是美国人本主义心理学的集大成者。②

A. H. 马斯洛的自我实现论是建立在他的需要层次论之上的。之所以要

---

① 郭永玉. 行为的动力：心理学家的解释 ［J］. 教育理论与实践，1997（4）.
② 人本主义心理学孕育于 20 世纪 30 年代，正式形成学派于 60 年代。

对人的需要层次问题进行探索，其旨在：通过深入探索人性的"高级"层次来扩展对人格的理解。他认为"除了当时的各种心理学派对人性所做的描述外，人还有一种更高的本性，这种本性是似本能的；也就是说，是人的本质的一部分"①。A. H. 马斯洛的意思是，"人"是具有生物本质的，不过，那种动物式的本能实际上业已不复存在或仅存其残余。人还有更高级的本性，或者说，还具有人性的高级层次，它们如同本能一样，同样属于人的生物本质，所以说它们是"似本能"的。所谓"似本能"，指的正是人的一些基本需要亦如本能一样来自生物的遗传，如果不能达到满足或受到挫折，同样会导致疾病。而且，尽管它们已不如本能的驱力那样强烈，但同样具有不同程度的驱力作用，只不过较为"柔弱"而易为不利的社会环境所"摧残"，尤其是那些高层次基本需要的"似本能"动机。A. H. 马斯洛主张把人当"人"来解释，反对将人"兽化"和计算机化。人的"价值"问题就是由该学派提出来的。

A. H. 马斯洛认为，人是有组织且总有不断需求的完整机体，其基本需要在潜力相对原理基础上按相当确定的等级排列，或"组成一个相对的优势层次"系统，它们形成这样五个层次，即生理需要、安全需要、归属与爱的需要、自尊和受尊重需要、自我实现需要。他还进一步指出，这一基本需要层次的动机理论"最主要是从临床经验直接导出的"。此外，还有两种基本需要较少有传统精神病例的支持，但也并非完全不存在。它们是：认知和理解需要（比如，好奇心、寻根究底、着迷于未知事物等）与审美需要（比如，对秩序、对称性、趋合性、行动完美、规律性以及对结构的需要等）。健康的人其基本需要的最高层次便是自我实现需要，而它的出现通常依赖前几种需要达到满足才有可能性。也就是说，当人的低级需要尚未满足时，行为即受低级需要支配；而当他全力以赴求得其满足后，高一级需要便会显现出来并成为进一步支配行为的动机。这种基本需要具有层次高低区别的特征

---

① ［美］A. H. 马斯洛. 创造与动机［M］. 许金声等译. 北京：华夏出版社，1987：1. 转引自傅世侠，罗玲玲. 科学创造方法论［M］. 北京：中国经济出版社，2000：214.

构成了人的心理行为的动力机制系统。

需要层次论要说明的是，人的本性或根本动机即在于满足自我实现的需要，否则，一个人便只是停留在某个低层次需要水平上的病态的人，而不是一个健康的人。为此，A. H. 马斯洛将人的需要进一步区分为"缺失性动机"（deficiency motivation）和"成长性动机"（growth motivation）。所谓缺失性动机是指某种基本需要匮乏而产生的动机，如饥、渴、性等基本生理需要，以及对安全、爱或自尊的缺乏而产生的需要等。这类动机使人紧张乃至恐慌，若得不到满足便可能出现生理上或心理上的疾病，甚至危及人的生命。受这种动机支配的人与其需要之间形成一种依赖性的关系，需要一旦满足，这种动机也就消失；所谓成长性动机，所指的是自我实现需要的动机。这种动机虽因人而异，难以一一列出，但也有一般性的特征，那就是人都渴望和欢迎这种动机或冲动的出现，因为"如果说它们也构成紧张，那就是愉快的紧张"。

成长性动机与缺失性动机至少存在着以下几点差异：其一，动机维持时间长短不同。成长性动机若能得到满足，它不但不会像缺失性动机那样很快消失，反而会进一步加强，比如对教育的需要等。其二，行为后的效果不同。A. H. 马斯洛认为，从临床效果看，"满足缺失性需要可避免疾病，而成长性需要的满足则导致积极的健康"。其三，引发动机的诱因不同。与自然性质的缺失性动机相比较而言，自我实现动机的目标更为社会化，并且极容易为不适的社会文化环境所压制，结果它只能以潜在的方式存在着；但是，作为人的本性，一定条件下仍会以未满足的需要或成长性动机出现，从而再次支配人的机体。① 总之，在 A. H. 马斯洛看来，需要引发动机，动机制约行为。不同层次的需要就会产生不同层次的动机，因而也就会有不同的行为表现。

尽管心理学家们对人的动机解释不尽相同，但这些纷繁各异的解释背后，却有着较为一致的目的，即用来解释人们行为的差异；判断人们行为责任的归属；指引、推动、激励行为；把握人的行为动机，左右人的行为，实现由外在管理到内在管理，即由制度管理潜移默化为人的价值观念。

---

① 傅世侠，罗玲玲. 科学创造方法论［M］. 北京：中国经济出版社，2000：214 - 220.

"创造力研究"的动机研究，其目的不是为了管理人、制约人，而是要指引、推动、激励人，因势利导地开发人们的创造力。

第二节　创造动力的解析

心理学对行为动机的探索，虽然至今仍是观点纷呈，各执一词，难有一统之说，但从以上具有代表性的动机理论中，我们可以发现，心理学将动机的"发端之源"主要规约在：一是人的本能上，二是人的社会性上。我们以为，从归根结底的意义上说，人是物质世界的产物，是自然的产物；从人的本质意义上说，人之所以不同于一般的动物，是因为人是社会性的动物。人是其自然属性与社会属性的结合体。所以，在动机问题上，任何截然割裂人的自然属性和社会属性的关系，或者是顾此失彼的关注，都是有失偏颇的。有鉴于此，我们将人的创造的动力最后归约在以下三个方面。

一、人类的创造本能

人之所以能够进行创造，是因为人先天地具有创造的本能。这种本能可以从几个方面去理解：其一，人的感知觉器官具有先天的创造本能。正如我们在"创造在哪儿"一章中所指出的：感觉器官对感知的对象有着自然的、天生的"创造"功能。比如，眼、耳感知器官有将关注对象与背景物分离、提取的功能；幻想思维形式有将不同对象自由组合、整合的功能。用格式塔心理学的语言来说，就是人的思维能够自动地进行格式塔的转换——从旧的、坏的格式塔，转换成新的、好的格式塔。人本主义心理学家 A. H. 马斯洛指出，在其观察的所有的研究对象中，"无一例外，每个人都在这方面或那方面显示出具有某些独到之处的创造力或独创性"，"它似乎是普遍人性的一个基本特点——所有人与生俱来的一种潜力"。[①] 人，正是因为普遍地存

---

① ［美］A. H. 马斯洛. 创造与动机［M］. 许金声等译. 北京：华夏出版社，1987：179 - 204.

在着这种创造的本能，我们才能从普遍的意义上说，人人都有创造性。当然，我们必须看到，这里所说的"创造"，是有不同的论域的，即从不同的对象和范围而言的。有的是就创造者个人而言，是对自己过去的经验和观念的突破，就他本人而言是"创造"，但对于他人而言却是已有的、现实的；有的是就创造者所处的那个群体或时期而言的，在这个群体或时期，某些工作是创造，但对于其他群体或过去的时期而言，也可能是已有的，并不是创造，等等。这里涉及对创造新颖性的评价标准问题。我们在这里所说的创造，仅仅是指对创造者本人过去而言的一种突破。"人人都有创造性"的命题，也是从这个意义上来讲的，离开这样的论域，这个命题也就难以成立。

我们认为，本能论虽然存在着这样或那样一些问题，甚至于不能完全解释人的行为动因，尤其是创造的动因，但因此就全盘否定创造动因中的本能因素，显然也是需要商榷的。

二、遗传的创造品格①

既然"人人都有创造性"，那么，现实中为什么存在着创造力高低之别。我们以为，如果撇开知识和经验，即后天的积淀与激发因素不谈，仅从先天角度论，造成这种差异的根本原因则在于遗传。遗传不仅仅会造成人们在体质与智力方面的差异，更有气质、性格，乃至于人格中先天成分的差异。虽然人的气质、性格，乃至于人格在后天中也可能发生变化，甚至于发生较大的变化，但我们决不能因此而否认遗传在这里的作用。所谓"禀性难移"之说，不正是有基于此的认识吗?!

创造力研究者发现：有些特别的人格特征较为有利于创造动机的激发。比如，"游戏活动"似有极大兴趣并表现出极大的适应性和独创性的孩子们，

① 罗玲玲教授认为：人格是由人生态度、自我意识、动机倾向、认知风格、情感气质等五种特质构成的。创造性人格具体包括具有责任感和牺牲精神的进步的人生态度、肯定的自我意识、强烈的内在动机、创造性认知风格和高尚的情感智慧。人生态度和动机属于更为内在的特质，而认知风格和情感气质基本上属于较外显的行为特征。从另一方面说，认知风格是属于智力方面的特质，而其他特质则是属于非智力方面的。心理学家一般不把认知特性列入人格之中是不对的。参见罗玲玲. 创造力理论与科技创造力［M］. 沈阳：东北大学出版社，1998：209.

就比缺乏此爱好的孩子表现出更多的新思想，因而具有更高的创造力；许多具有文学天赋的青少年，在他们的儿童期就喜欢设想他们想象中的朋友和生活伴侣，他们的创造力在早期就表现出来了；那些特殊的"非专业"爱好者具有巨大的创造成绩……说明兴趣爱好在创造活动中举足轻重。① J. P. 吉尔福特也认为，创造动机是来自于"好奇心"或"满足感"。他曾指出："一个人可能在智力结构中与创造性生产力有关的某些能力方面水平较高，然而却没有利用这些能力的动机，这样创造性输出可能是非常少的。具有高度创造性的人，必定是受好奇心驱动的，而且，如果他有了这种态度，就会对问题更敏感。他必须感到有必要去解决问题，并始终努力去解决这些问题……罗斯曼在研究一些发明创造者时发现，满足感常常是解决问题本身的内部动机的主要来源。事实上，一些发明者几乎是还没有解决一个问题就已经在寻找另一个问题，以便再一次获得从问题解决中可得到的一种征服感或满足感。"② 除了好奇心与满足感之外，其他方面，诸如自信心、质疑心、独立性、敏感性等，这些特殊的人格特征都是创造动机可能被激发的根源之所在。

三、内化的外在压力

外因必须通过内因起作用。当外在的压力被创造主体内化，便可以形成一种内在的创造动力。所谓外在压力是指并非出自创造者愿望的压力。一般地说，能够形成创造动力的外在压力，主要是：（1）社会压力，或社会发展的压力。这种压力，主要是通过提高创造者的思想觉悟，增强创造者对历史、对社会的责任感和使命感，使他们把国家强盛的寄托、民族复兴的希望、不受强敌威胁的决心，乃至于对世界和平与发展的心愿等，化为一股压力，进而转化为自我创造的内在动力。（2）经济压力。有人说，现代社会的人都是经济性的动物，这话虽有偏颇，但也绝非毫无道理。钱不是万能的，但生存的需要使得没有钱是"万万不能"的。经济社会中的人，一方面有着

---

① 俞国良．论个性与创造力［J］．北京师范大学学报（社科版），1996（4）．
② ［美］J. P. 吉尔福特．创造性才能：它们的性质、用途与培养［M］．施良方，沈剑平，唐晓杰译．北京：人民出版社，1991：142.

永不满足于现状的需求或欲望，另一方面又有着自我陶醉、自我麻木的心态。适时适量地施加经济压力，将创造者置于面临生存危境之中，逼其"穷极思变"，亦可激发其创造力。（3）工作压力。因工作任务之迫，诸如大的工作量，难以解决的工作难题，难以胜任的工作任务；因职位压力，比如能否保住已有的职位，能否从现有的职位晋升等，都可能激发创造者的创造动机。现代管理中的"鲶鱼效应"① 管理法，就是利用工作压力的原理设计的。(4) 逆境压力。逆境是指阻碍、压抑、打击或危害人们朝着理想目标前进的环境。逆境，既是人生的压力，也是创造的动力。有意识地制造逆境，往往能够激发创造者的创造动机。

从目前研究趋势看，对创造动力内在机制的探讨已逐步从创造主体自身扩展到社会环境，尤其强调从系统观出发，将影响创造动力的因素看作是由诸多相互联系、相互作用的因子所组成的一个综合系统，并试图用现代统计方法来揭示这个系统对创造力激发或抑制的关系。例如，奥恰斯（Ochse，R.）认为创造力水平最终取决于社会环境状况、人格特征和个人生活经验的积淀等诸多因素。其他的研究者，如 R. S. 阿尔伯特（Albert，R. S.）等人还揭示了创造力与家庭因素、期望水平的关系。这些探讨为进一步揭示创造动力的内在机制提供了新的、也更为广阔的研究视野。

---

① 据说，挪威人捕沙丁鱼，抵港时如果鱼仍然是活的，卖价比死鱼要高出许多。尽管很多人的努力都归于失败，但却总有人能如己以偿。直到这船的船长死后，人们才发现其中的秘密：老船长每次都悄悄地将一条鲶鱼放入装有沙丁鱼的舱内。由于环境陌生，又无同类鱼作伴，鲶鱼自然会四处游动，到处挑起摩擦。而大量的沙丁鱼发现多了一个"异己分子"自然也会紧张起来，加速游动。水活了，鱼自然就不会死。于是，一条条活蹦乱跳的沙丁鱼被带回了港口。日本三泽之家公司把这个原理移植到了对公司员工的管理之中，创造了"鲶鱼效应"管理模式。他们从外部"中途聘用"精干利索、思维敏捷的 25 至 35 岁的生力军，甚至着意聘用常务理事一级的"大鲶鱼"，让全公司上下的"沙丁鱼"们都有"触电"的感受。公司总裁三泽千代治认为，其实人也是一样的。一个公司如果人员长期固定，就少了新鲜感和竞争的压力，产生惰性。找来一些"鲶鱼"加入公司，制造紧张气氛，企业也会激起生机。

本章小结

一种新的创造动力研究视角

在创造动力的各种研究中，人们大多都将视线集中在人的本能、创造性人格特征等方面。当代美国心理学家、创造学家 T. M. 阿玛布丽从社会心理学角度探索创造的动力，为创造力的研究，尤其是为创造动力的研究另辟了一片广阔空间，受到了学界的广泛关注。阿氏也因此独特的贡献而闻名于国际心理学界和创造学界。

阿氏对创造与动机关系的实验研究，大多借用了社会心理学的归因理论和方法，在创造力评估方面则运用了专家评估法。

从社会心理学出发，阿氏将创造动力的研究落脚在工作动机上。这里的工作动机，包括从事某项工作的基本态度和在特定情境下个体对从事该活动的理由的认知。阿氏认为"从事某项工作的基本态度"是个体在评价工作与自己兴趣匹配程度时形成的；"在特定情境下个体对从事该活动的理由的认知"取决于从事该活动时是否存在显著的外部约束，以及个体自身具有的从认知上降低外部干扰强度的能力。如果创造技能和领域技能欠缺，只要有足够的动机，主体可以通过适当的学习和训练就可能得以弥补。但是，如果工作动机不足，即使有较高水平的领域技能和创造技能，也难以取得高水平的创造成果。创造主体只有在相应的动机水平促动下，才会对记忆和当前情境进行搜索以产生各种可能的反应。如果个体受内部动机支配而不是受外部刺激的促动，或者个体本来就具有较高水平的内部动机，即使没有外部刺激因素的干扰（如奖赏、竞争、评价），个体仍会保持开放心态，在解决问题时敢于冒风险，也能够知觉到情境中那些看似与问题的解决毫无关系的重大线索，从而创造性地将问题加以解决。否则，将难以获得成功。或者即使解决了问题，也难以体现出高水平的创造性。正是在这一阶段，创造的新颖性和独特性才得以体现。

阿氏认为，总体来看，内部动机有助于创造力的发挥，外部动机有损于创造力的发挥。但这条一般原则也不是绝对的。首先，在内部动机不足的情况下，外部动机对维持创造活动是必要的；其次，外部动机对掌握领域技能是有帮助的，从而能够对发挥创造力作出积极贡献；再次，最具有实践意义和理论复杂性的是当个体的内部动机水平很高时，如果个体的自我认知把外部诱因（如奖赏、评价）知觉为提供了某种肯定信息，而不是知觉为受到了"控制"或"摆布"，那么，外部动机就不一定是有害的；最后，外部动机有利于解决所谓的"规则式问题"。

经过长期思索，阿氏提出了"动机协同"的观点。她认为，内部动机和外部动机都具有状态和特质两方面的属性，前者是指动机容易受到环境影响而发生改变，后者是指其不易随时间和情境而变化。某些形式的外部刺激物（比如适当的奖赏）会增加内部动机，这就是所谓协同。根据阿氏的观点，内部动机作为特质的一面，像人格因素一样具有稳定性。在我们理解，动机的初始水平还与个体的生活史有关。事实上，动机的相对稳定性（特质的一面）是个体全部生活史的积淀，行为的深层原因必然具有稳定的动力性质。①

T. M. 阿玛布丽的研究有两个方面的意义。其一是其研究内容本身，它不仅在理论上丰富了创造动机研究的内容，同时也为我们实践中的创造力开发另辟了一条新的"工作"渠道，那就是通过对被开发者工作动机的把握，恰到好处地、最大限度地激发被开发者的创造力；其二是其研究内容之外的启发意义。阿氏的研究视角启示我们：创造的动力机制是一个复杂系统，有很多相关因素，如果我们仅仅关注于某一角度、某个视角的研究，将难以准确地揭示创造动力的真正本质。

当代，随着"小科学"时代向"大科学"时代的转移，科学－技术－经济趋于一体化，使得科学创造工作也日趋社会化。社会化的科学创造，将科学创造力主体的社会性充分突显出来，在个体创造力开发因相关学科如脑科学等研究相对滞后而出现僵持的情况下，从社会动力层面进行突破，可能是一条较为现实、或许有更多收益的途径。

---

① 李传新. 阿玛布丽创造力思想研究［J］. 自然辩证法研究，1996（10）.

第八章

教育与培养

尽管先天的遗传并不能给每一个人以完全同等的天赋，但这并不是说天赋低者与创造活动就完全无缘。早在 20 世纪 60 年代，创造力研究者 C. W. 泰勒（Taylor，C. W.）就认为，创造力存在于所有年龄的人之中，存在于所有的文化背景之中，以及在各种程度上所有为人类工作和努力的领域之中。人本主义心理学家 A. H. 马斯洛也认为，在其观察的所有研究对象中，"无一例外，每个人都在这方面或那方面显示出具有某些独到之处的创造力或独创性"，"它似乎是普遍人性的一个基本特点——所有人与生俱来的一种潜力"。① 显然，C. W. 泰勒和 A. H. 马斯洛都持有这样一个信念：创造力人人都具有。我们对此持赞同态度。同时，我们还认为，创造力的发挥受先天和后天两种因素的共同作用。先天因素主要是遗传因素，后天因素则主要是环境和教育因素。因此，创造力可以通过教育、训练进行培养和开发。如果没有"创造力人人具有""创造力可以被培养和开发"的前提，创造教育就没有必要展开，更极端地说，也就没有什么创造教育。

第一节　创造的教育理念和原则

以什么样的理念来培养和开发被教育者的创造力，最终要把被培养与开发者教育成为什么样的人，这是创造教育首先必须予以回答的问题。

---

① ［美］A. H. 马斯洛. 创造与动机［M］. 许金声等译. 北京：华夏出版社，1987：179 - 204. 转引自傅世侠，罗玲玲. 科学创造方法论［M］. 北京：中国经济出版社，2000：221 - 222.

一、理念①

应该以什么样的理念来开展创造教育呢？我们基本赞同20世纪20年代出版的《创造教育论》② 一书的观点。《创造教育论》认为：作为一种全新的教育模式，创造教育要与以往的"注入主义、模仿主义、他律主义、教师

---

① 理念（idea），原是西方哲学史与西方美学史用语，含义广泛。"理念"（eidos，idea）来自希腊文动词"看"（ide），原意是"看到的东西"。在荷马和早期自然哲学家恩培多克勒（Empedocles）、德谟克利特（Democritus）等人的著作中，这个词都指有形事物的"显相""形状"等。柏拉图把"显相"的意义引申为"心灵的眼睛看到的东西"，即理智的对象。在柏拉图那里，理念是一个独立存在的普遍概念，它构成了我们无法感知的客观世界，即理念世界。我们所感知到的现实世界就是因为有了"理念"才得以产生。在康德那里，理念是指由理性所产生的概念。在黑格尔那里，理念是世界的本质，理性是构成世界的元素。作为日常意义概念，我们对"理念"的理解是：所谓理念就是指导人们认识事物、解决问题的根本思想及其价值取向。这种思想是其他思想或原则的基础和出发点，它不依赖其他思想或原则而存在，可以认为是思想之思想，或思想之根本。

② 依笔者在北京大学图书馆与北京（国家）图书馆等资料信息中心检索的情况来看，刘经旺翻译的《创造教育论》极可能是我国最早的一部从教育哲学角度系统地探讨创造教育问题的理论著作。《创造教育论》的翻译就是在这样的社会文化背景下进行的：自鸦片战争之后，中国的出路何在？中国将向何处去等一系列存与亡的问题渐成为近代中国人思索的主题。一些前瞻性的爱国思想家、改革家，试图在观念以及当时的政治制度层面寻求救国之道，其间出现了戊戌变法、洋务运动等。随着这些探索的失败，思想界又萌生了观念文化救国的思潮，后演变为文化运动。新文化运动是一种思想启蒙运动。思想启蒙后，尤其是大革命失败后，中国大地上涌现出各种各样的"主义"，产生了更多的救国论（所谓二次启蒙），诸如革命论、改良论、文化论、教育论等。以陶行知为代表的教育家们所掀起的中国教育史上的革命性运动——创造教育运动，即可视为教育救国论的实践举措（当然，教育救国中还有平民教、乡农教等不同的论争）。刘经旺翻译日本学者的著作《创造教育论》，就是在这种教育救国背景下，对实践中创造教育所作的理论思考和概括，同时，它也是教育领域对当时社会摈弃保守、张扬主创的主导价值观的一种积极回应。可参见王习胜．一种创造本位的教育哲学观：刘经旺的创造教育观述评［J］．甘肃教育学院学报，2002（2）．2002年8月，中、日创造学会在上海联合举办创造学国际学术研讨会，笔者第一次见到国内有学者论及刘经旺的创造教育观。如认识有偏颇之处，经傅世侠教授提醒，笔者在几年后作了修订。有关修订性认识，可以参见王习胜．创造教育滥觞史考辨［J］．扬州大学学报（高教研究版），2005（1）．以及王习胜．澄清两个创造教育史实问题［J］．发明与创新（综合版），2005（1）．北京大学傅世侠教授发现，《创造教育论》这部著作曾由商务印书馆于1926年7月初版，初版标明原著者［日本］稻毛诅风，译著者刘经旺，但1933年被收入王云五主编的《万有文库》再度出版时，书的首页虽然也附上了稻毛诅风的"原著者序"，但封面和版权页上却没有其名，而只有"刘经旺著"的字样，致使笔者曾有误指，实属遗憾。

本位主义、机械主义、划一主义、凡俗主义、现实主义及唯物主义"① 等教育模式有质的区别。创造教育的理念，不是对被教育者进行一两种创造方式或技巧的训练，而是视"教育为人生之一部分"，并且力求教育的本质与人生的本质相一致。

《创造教育论》以为，与创造教育本质相一致的人生本质，是创造主义人生观。所谓"创造主义之人生观，即视创造为生活之真髓之人生观也。即不以人生为无存在之价值者，为天授者，为已决定者；或为无价值的存在；而视为有生活之价值，能以吾人之自觉的努力创造之、改造之有价值的现象，且欲以独特而优秀的创造，增高全体的人生之价值，而常以善用自己即人类之本质精髓之创造性为第一义之人生观。换言之，即视人生之本质为创造，人性之本质为创造性，且欲使自己的生活，与此人生及人性之本质完全相合，而以创造为目的，言之正确，即以与人格之创造相密接之文化之创造为目的；以自己的创造性为动力而时常充分活用之为生活之方针；以自己信爱与人生信爱为对己对他的态度；以主观上，则常感充实，客观上，则永远增高价值为主眼之人生观也"②。反之，"无自觉者，无人生；无理想要求者，无人生；无向上进步者，无人生；无修养活动者，亦无人生"③。无人生者，自然也就谈不上对其进行什么创造教育了。

由于"人生非天授者，教育亦非他人所与者，乃被教育者籍教育者之适当有效的帮助，自己尽其最高尚之努力以创造之者"，"教育是以使被教育者涵养且助长其完成为人生之目的之创造能力为目的"，"教育之所以为教育之原因，即使教育在人生或文化中，获得且保持独立性之独特性质或根本特质是也"④。也就是说，创造教育就是为完成被教育者创造主义人生观目的的教育，换句话说，教育的实质就是"帮助的创造"或"创造之帮助"⑤。

总之，创造教育是建立在被教育者创造主义人生观的基础上，对被教育

①　刘经旺．创造教育论［M］．上海：商务印书馆，1933：16．
②　刘经旺．创造教育论［M］．上海：商务印书馆，1933：4．
③　刘经旺．创造教育论［M］．上海：商务印书馆，1933：5．
④　刘经旺．创造教育论［M］．上海：商务印书馆，1933：17．
⑤　刘经旺．创造教育论［M］．上海：商务印书馆，1933：55．

者进行"帮助的创造"或"创造之帮助",而不只在于教授被教育者具体的创造方法,乃至于塑造被教育者某一方面的创造性人格。其实,一定能导出科学创造的具体可操作的创造方法是不存在的,同样,即便具有某一方面创造性人格也不一定会导致创造主体之创造行为,乃至于有所创造。所有创造方法的传授,以及创造性人格的塑造,对被教育者而言也不过是具有某种启迪或激发意义而已。树立创造教育的理念当是创造教育之"本",传授创造方法与塑造创造性人格是创造教育之"标","标本兼治"才能真正实现创造教育之目的。①

二、原则②

创造的潜能人人都有,这是人的本质特征。但是,由于创造力的发挥是遗传、生活经验、环境、教育等多因素综合作用的结果,而这些方面本来就是具体而有差异的,所以,创造教育必须要针对不同对象以不同的方法进行综合性培养与开发。这样的创造力开发可以体现为如下几个原则。

其一,分层原则。这是针对不同对象、不同的情况(如左脑型或右脑型)以不同的方法来进行教育与开发的原则。这里分层有两个层面,一是不同年龄的层面;二是对同一年龄层次不同能力的层面。

就不同年龄层面而言,创造教育可以把人生分为若干年龄阶段,进而确定不同的教育目标。比如,胎儿开发,可以根据胎儿生理机能发育的特点,有规律地提供视觉、听觉、触觉等方面的刺激,使胎儿的大脑神经细胞增

---

① 王习胜. 一种创造本位的教育哲学观:刘经旺的创造教育观述评 [J]. 甘肃教育学院学报,2002(2).

② 原则是指导人们言论和行动的理论规定。论域不同,它的含义不同。在社会生活中,原则常被解释为人们言行的准则;在具体学科中,它含有公理性质的意思;在哲学上则指反映事物发展一般规律的命题或基本原理。

殖，生理和心理机能得到合理的训练和发展，以培养胎儿的感受能力①；幼儿开发，可以在发展幼儿的感知能力、想象力方面下功夫，因此，宜以动手游戏和身体活动为主，注意左右脑的协调发展，不应过早地施以抽象思维训练；小学开发，以培养创造意识、态度和精神为主，辅之以简单的创造技法和基本的思维训练，最好将思维流畅性、灵活性、独特性的训练与学科教学紧密结合，可开展小发明方案、小制作和创造性游戏竞赛等活动；中学开发，以系统学习创造学知识和创造技法为主，辅之以较高级的思维训练，培养动手实验能力和设想实施能力，普及工业设计知识。中学生的小发明方案，将更强调科学知识的运用。有些职业高中还应增加面向市场的创造学课程，比如创造学营销等；大学开发，适合开设与专业紧密结合的特色化创造教育课程，辅之以发明教育，加强创造性解决问题的能力训练。大学生的创造成果应提高层次，向发明专利努力；企业职工的创造力开发，应该以实用为主，结合行业特点开展创造教育，可开设补课型课程（类似于中学水平）和提高型课程（类似于大学），同时，注意培养经理层管理人员的创造性决

---

① 目前，胎儿与其他人一样，也被列入了创造力开发的体系之中。国内外广泛采用的胎教方法是：音乐法、对话法、抚摩法、触压法、拍打法和光照法等。为解其秘，示例一二。

　　光照法。该方法主要是以光线刺激胎儿视觉器官的神经功能。据 B 超探测观察，当对母亲腹壁进行直接光线照射时，可见到胎儿为躲避照射而背过脸去，还可以看到胎儿有睁眼、闭眼活动。在实施光照胎教时，光线不能过强，以免伤害胎儿的眼睛。一般在怀孕 6 个月后，孕妇可用 2 节 1 号电池手电筒，每天定时紧贴腹壁照射胎儿头部，每次持续 5 分钟，结束时，可连续关闭、开启手电筒数次。

　　音乐法。以声波刺激胎儿听觉器官的神经功能。在运用此法时，要选择适宜胎教的音乐。比如，（1）选择经过医学和声学检测的，音乐频响范围为 500－1500 赫兹的音乐磁带；（2）音乐节奏要平缓、流畅，最好不带歌词，乐曲的情调以温柔、甜美、舒畅为宜；（3）若用音乐传声带，必须是无磁的，音量大小以成人隔着手掌听到传声器中的音响为宜；（4）用收音机直接播放，孕妇应距音箱 1.5－2 米远，音响强度不超过 70 分贝。

　　胎教必须与出生后的早期教育接轨，否则，在胎儿期已经获得的良性信号印记，出生后势必逐渐消退，最终必将前功尽弃。（宋维炳．如何进行胎教［N］．健康报，1997－8－20．）

策能力，使各类人员各有所得。①

再看同一年龄层次不同能力层面的问题。我们知道，在创造方式上，不同的人有不同的方式，所谓"条条大路通罗马"。有的是激进式、革命式的，敢于大胆破除、批判，有时偏激；有的是扬弃式的，有继承地创新，能够把新旧事物中合理的部分比较好地结合起来；有的是温和式、妥协式、渐进式的等，难以整齐划一。更何况创造性本身就包含着多样性、包容性。现在有一种倾向，把对某些类型创造性人才特征的研究成果泛化、绝对化，以偏概全，认为只有具有这些特征的人才是有创造性的，忽视了不同类型的人会有不同的创造性人格特征这一事实。试想，如果我们仅以一种方式——不论是用创造技法对被开发者进行思维训练，抑或培养被开发者创造性人格及创造意识，那么，教育的两面性——"教育既有培养创造精神的力量，也有压抑创造精神的力量"②，尤其是其压抑创造性的一面就会突显，创造教育最终将会走向我们意愿的反面。真正的创造教育，应该是"保持一个人的首创精神和创造力量而不放弃把他放在真实生活中的需要；传递文化而不要用现成的模式去压抑他；鼓励他发挥他的天才、能力和个人的表达方式，而不助长他的个人主义；密切注意每一个人的独立性，而不忽视创造也是一种集体活动"③。

其次，全方位原则。全方位教育原则至少包含着这样几个侧面的整合活动：（1）根基注塑，就是从优生优育角度对创造主体的先天体质和智力进行培养与开发；（2）外部环境，要营造一个适合于激发创造主体发挥创造力的社会环境；（3）教育训练，就是从知识、技能和思维方式角度，优化创造主体的知识结构，培养创造主体创造性思维品质。

其三，协调开发原则。在大脑开发角度论，这个原则的主要含义是既要

---

① 罗玲玲，任蕊．从日本发展国民创造性的特点看我国创造资源的开发［C］．庄寿强．创造学理论研究与实践探索，徐州：中国矿业大学出版社，1995：26.

② 联合国教科文组织国际教育发展委员会．学会生存［M］．北京：教育科学出版社，1996：188.

③ 联合国教科文组织国际教育发展委员会．学会生存［M］．北京：教育科学出版社，1996：188.

重视左脑功能开发，也要重视右脑功能的开发，实现"全脑革命"。

其四，理论与实践相结合的原则。注重将现代科学的最新研究成果，如科学方法论、科学创造方法论、脑科学、心理学等学科的最新成果应用于创造力开发中，而创造力开发的实践活动也应该积极汲取科学理论研究的最新成果，以新的理论指导实践，以鲜活的实践丰富科学理论，使得创造力开发活动在理论与实践的良性互动中得到更好的发展。

第二节　智力与创造力

虽然我们现在还难以为智力和创造力下一个精确的、能够被普遍认同的定义，但这并不能妨碍我们对智力和创造力的培养和开发。既然我们将要进行的就是智力和创造力的培养与开发工作，那么，大致地了解智力和创造力的一般构成要素或结构还是非常必要的，否则，我们培养什么、开发什么都无从谈起。

一、要素与结构

智力是科学创造的前提和基础。虽然高智力并不等于高创造力，但它与高创造力之间必定具有正相关性。J. P. 吉尔福特曾经指出，智商低于110的人是难有高创造性的。那么，智力的结构及其本质是什么呢？

心理学家一般都把智力看作是人的一种能力。作为人的一种相对稳固的特征或特质，心理学家们在心理测验实践的基础上，以因素分析法为主要研究方法，从理论和实验两个方面对智力的结构展开了研究。其中代表性的观点或理论有：C. 斯皮尔曼（Spearman，G.）的二因素论。C. 斯皮尔曼主张，智力的首要因素是普通能力或心力因素，它基本上是一种推理因素；以 L. L. 塞斯顿（Thurstone，L. L.）为代表的群因素论者认为，智力可以描写为一组相对少量的比较重要的常见因素。虽然任何特殊研究所得到的具体能力（群因素）随应用的测验、样本的性质及分析的方法等变项而有差别，但下列诸因素的出现是具有规律性的，并且为许多研究者所证实：（1）空间。想象空间几何模式的能力。（2）知觉速度。迅速而精确地注意细节的能力。（3）数。简单算术计算的速度和确度。（4）文字理解。对词的意义以及词与词关系的理解能力。（5）词的流畅性。应用字词的能力。（6）记忆。对无意义材料的即时回忆。（7）归纳。引出规则的能力。

早在 1927 年，E. L. 桑代克（Thorndike, E. L.）就把人的智力分为三种：（1）社会智力，即了解和管理别人或善于顺应人际关系的能力；（2）实体智力，就是学习事物和应用科学与技术的能力；（3）抽象智力，指了解与应用观念、符号的能力。E. L. 桑代克建议：销售人员、政治家等应具有较高的社会智力，技术人员、工程师等应具有较高的实体智力，人文学者和科学家等应具有较高的抽象智力。

J. P. 吉尔福特将智力因素分为 120 种要素。他设想智力活动有三个维度：操作、内容和成果。操作即智力活动的过程，包括认知、记忆、发散式思维、聚合式思维和评价；操作的内容可能是图形、符号、语义或行为；而成果可能有单位、门类、关系、系统、转换或蕴涵。所以，整个模型是 120 种组合（5 种操作×4 种内容×6 种成果），每一种组合代表一种独特的因素。后来 J. P. 吉尔福特又将其智力因素扩展到了 150 种（5×5×6）之多。

P. E. 弗农（Vernon, P. E.）认为，群因素论和 J. P. 吉尔福特的智力结构理论都把智力看成由一些相对独立的能力组成，其实不同的能力分属于不同的层次，从普通因素（普通智力）通过群因素到越来越特殊的小因素，是分层的关系。普通因素可以分为两大群因素：语言 - 教育因素和实用 - 机械因素。它们可再分为许多次群因素，比如，前者有词、数等；后者有机械、知识、空间、动作等。R. B. 卡特尔（Cattell, R. B.）则认为，智力包括两种普通因素：流体智力和固体智力。固体智力具有沉重的文化成分，应该通过词汇、数技能及普通与特殊知识的测验来测量；流体智力包含较多的知觉与操作技能，是认知和分析的能力，学习和解决问题的能力。由于流体智力与固体智力对智力作业的相对贡献因人而异、随境而迁，又由于发展水平的不同，智力作业的稳定性将视流体与固体成分在行为上所起作用而定。1983年，H. 加德勒（Gardner, H.）把智力分为 7 种：语言的、音乐的、逻辑数理的、空间的、身体运动的、个体内部的和人际关系的等。

参照智力的这些分类，人们对应用创造力也作了相应的划分，主要是：科技创造力、言语创造力、艺术创造力、社会创造力。这些创造力之间有很多不同的特质，它们之间的相关性也较低。一看数字就发怵的文学家和五音不全的科学家比比皆是。

二、模型与说明

其一，智力结构模型。在要素分析的基础上，智力研究者们从心理学、认知科学等不同角度和层次对人类的智力结构作了探索，几十年来，已提出了多种智力结构模型：（1）心理地图模型，即把智力看成"心理地图"，并以此为基础建构智力结构的理论模式。最具代表性的智力结构理论有：C. 斯皮尔曼的二因素论，L. L. 塞斯顿的群因素论，J. P. 吉尔福特的三维智力理论和 H. 加德纳的多重智力理论。（2）计算模型。这种模型认为智力就是计算机的程序。具有代表性的理论有：杰生（Jensen）提出的把智力理解为神经冲动的传导速度，并在其选择反应时对其进行间接的测量；韩特（Hunt）认为智力是特殊的心理速度（主要是词汇信息检索速度），后期，他注意到了注意力分配与智力之间的关系；西蒙用特殊任务来研究智力活动内部的共同加工成分，并试图发现高级智能活动的一般因素；斯腾伯格通过"成分分析"方法力求从类推、系列问题等复杂任务来理解智力，在 80 年代中期提出了较为全面的"智力的三元理论"。（3）人类学模型。该模型认为智力是一种文化产物。巴瑞（Berry）认为，每一种文化都是一个不同的智力结构，不存在一种通用的普遍的智力理论。（4）心理自我管理模型。这是 80 年代中期，斯腾伯格提出的一种新的智力模型。他把智力理解为一种心理上的自我管理，并认为理解智力就像了解一个政府的管理情况一样。心理的自我管理理论力图整合原有的心理模型。例如，心理自我管理是社会的或个体的产物（人类学模型），必须通过一些管理过程（计算机化模型）控制不同的地理范围（心理地图模型）。当然，心理自我管理理论还是有别于其他模型的。心理自我管理模型的重点放在智力风格上，而不是智力的水平上。这同经典的智力理论不同，原有的经典理论试图测量评定个体究竟拥有多少种能力，而心理自我管理理论不是评价个体拥有多少智力，而是如何指挥智力、运用智力。为此，心理的自我管理理论认为，两个智力相同的人之所以表现风格不同，是因为这两个人组织和运用智力的方式不同。① （5）情绪智力理论。美国耶鲁大学的 P. 塞莱温（Salovey, P.）教授和新罕布什尔大学的 J. D. 马耶（Mayer, J. D.）教授新近提出的情绪智力，包含准确地觉察、评价和表达情绪的能力；接近并/或产生情绪以促进思维的能力；理解情绪及情绪知识的能力，以及调节情绪以助情绪和智力发展的能力。这四种能力，依次是由较为基础的心理过程向较为综合的心理过程过渡。比如，最基础的是觉察和表达情绪的能力，最高层的是情绪反映和调节能力。具体地说，它们的含义是：觉察、评价和表达情绪的能力——从自己的生理状态、情绪体验和思维中辨别情绪的能力；通过语言、声音、仪表和行为从他人的思想、艺术作品、各种设计中辨认情绪的能力；准确地表达情绪，以及与这些情绪相关的需要的能力；区分情绪表达中的准确性和真实性的能力。情绪促进思维过程的能力——影响信息注意的方向的能力；促进与情绪有关的判断和记忆过程产生的能力；促使个体从多个角度进行思考的能力；对特定的问题解决的促进能力。理解情绪与情绪知识的能力——给情绪贴上标签，认识情绪本身与语言表达之间的能力；理解情绪所传达的意义的能力；理解复杂心情的能力；认识情绪转换可能性的能力。调节情绪以助情绪和智力的发展的能力——以开放的心情接受各种情绪的能力；根据所获知的信息与判断成熟地进入或摆脱某种情绪的能力；成熟地监察与自己和他人有关的情绪的能力；管理自己与他人情绪的能力。②

其二，创造力组成成分模型。80 年代初，当代美国心理学家、创造学家 T. M. 阿玛布丽提出了她的富有特色的创造力理论模型——创造力组成成分模型。阿氏认为，不管在什么领域中，创造力的产生都是由三个组成成分联合作用的结果，它们是领域技能、创造技能和工作动机。这三个组成成分对于创造力的产生，既是必要条件又是充分条件。它们共同作用，决定了创造

① 方平，谢丽丽，郭春彦. 智力风格的自我管理理论［J］. 首都师范大学学报（社科版），1998（4）.

② 杨晓岚. 情绪智力理论简介［J］. 广州师院学报（社科版），1998（5）.

力水平的高低。

所谓领域技能是指个体在某一领域所具备的、有助于产生各种可能反应的全部背景，也可以说是指个体进行创造加工的"原材料"。阿氏认为，虽然我们尚不能列出其全部，但如果把下面举出的内容作广泛意义的理解，仍可抓住一些主要的东西：其一是熟悉该领域有关的实际知识——事实、原理、范例、问题解决的主要策略、审美标准等；其二是该领域的基本技能，如实验技能、雕刻技能、设计图案的才能，比如，科学家具有在想象中完成思想实验的才能。领域技能所能达到的水平，一方面取决于创造主体的先天认知能力和感知运动能力，另一方面也取决于个体所接受的正规教育和非正规教育情况。

所谓创造技能是指对创造水平具有直接影响、对问题解决甚至是具有决定作用的技能。它包括认知风格、有效的工作方式、对产生新观念的启发式方法的了解等。关于创造性认知风格，阿氏总结了前人的诸多研究，认为它主要包括：打破知觉定势和认知定势，理解和欣赏复杂性，尽量保持选择的开放性，延迟评价，善于对信息进行多途径归类，准确记忆信息材料等。经常被人们提到的创造性启发规则，有研究个案、解释反常、运用类比、变熟悉为陌生等。有效的工作方式也是创造技能的重要内容，例如，能够长时间专注于活动、必要时采取建设性遗忘等。

关于工作动机，阿氏认为，迄今为止，这一组成成分是经常被创造力研究者所忽视的方面。然而，在许多情况下对于创造力的产生，它可能是最重要的。她认为，工作动机包括两个方面：一是个体对工作的基本态度，二是个体对他从事该工作的理由的认知。①

80 年代中期，斯腾伯格提出了另外一种新的创造力模型——智力、认知风格与人格"三位一体"的创造力三侧面模型。其中，智力侧面包括成分智力、情境智力和经验智力三个方面，意即智力与人的内部世界的关系、与外部世界的关系以及与经验的关系等。在这些要素中，成分智力是智力侧面的核心。所谓成分智力是指智力与人的内部精神活动的联系，亦即智力在认知

---

① 李传新. 阿玛布丽创造力思想研究［J］. 自然辩证法研究，1996（10）.

过程中对信息的有效处理。它包括元成分、操作成分和知识获得成分等。与创造力关系密切的称之为计划元成分，它规定了人所要从事的活动的种类。元成分涉及的主要内容是：意识到问题的存在；确定问题以及策略性地形成对问题结果的心理表征的选择；智力的操作成分就是执行元成分的指令；知识获得成分涉及对知识的选择性编码、联接和比较等。所谓情境智力是指个体与环境相互作用时表现出来的改变环境适应自己，或改变自己以适应环境，以及选择新环境以达到生活目的实用性智力。所谓经验智力，是指个体善于运用经验，形成新观念，对新事物处理时及时进入新情况，而且能表现出较高工作效率的能力。①

认知风格是指一个人在思维活动中使用智力的方式。它包括五个方面：(1) 心智自我管理的功能，包括心智的"立法""执法"和"司法"三种功能；(2) 心智自我管理形式，包括"君主式""官僚式""寡头式"和"无政府式"等形式；(3) 心智自我管理的水平，包括整体型和局部型水平；(4) 心智自我管理的范围，有外向型和内向型两种范围；(5) 心智自我管理的倾向，分为保守型和进取型两种倾向。在心智自我管理的功能和形式方面，斯腾伯格用了"立法""执法""司法"和"君主式"等比喻的说明方式，虽然形象，却有失准确性。

斯腾伯格发现以下七种人格特征要比其他特征更有助于创造行为的产生，即能容忍模棱状态；具有克服障碍的意志；具有自我超越的愿望；受内在动机驱动；具有适度的冒险精神；希望得到认可；为获得认可而工作的愿望等。

纵览上述关于智力与创造力成分、结构与模型的研究，我们有以下发现：第一，智力或创造力研究者在对智力或创造力进行研究时，并未对两者作出严格的区分。所以，很多智力的要素、结构与模型，也就是创造力的要素、结构与模型。这也包括 J. P. 吉尔福特的分析在内。从目前国内的创造力研究领域来看，作出严格界分的研究也不是主流。然而，当人们界定创造力时，又往往特别说明智力并不等同于创造力。创造力研究已经有这样的共

---

① 罗玲玲. 创造力理论与科技创造力 [M]. 沈阳：东北大学出版社，1998：42 – 47.

识：高智力与高创造力之间并不是对应的关系。我们之所以提出这个问题，是希望学界在进一步深入研究时能对这个问题予以必要的关注。第二，上述研究中不同的研究者是从不同的研究视角出发的，因而，在要素或结构的分析上差异较大。虽然学术研究鼓励"百花齐放"，但过大的差异性也说明这个领域里存在的问题还很多，在以后的深入研究中，学者们应该协同研究，从差异中取得尽可能多的共识。第三，上述研究有一个明显的倾向，那就是越来越细致的要素解析，直至 J. P. 吉尔福特将其智力因素扩展到了 150 种（5×5×6）之多。我们是否应该反思，揭示智力或创造力的要素、结构或模型，全局的和辩证的研究视角是否有必要？否则，无限制的要素解析不仅会挂一漏万，难得其全，也往往会陷入偏颇之中。当然，上述各家观点虽不免有偏颇之处，但这些多角度的研究，为我们作进一步的综合性或整合性的研究还是作出了可贵的基础铺垫。换句话说，上述各家颇具实证性的研究，对我们以后的创造力研究与开发工作——走向辩证化、整体化，还是有借鉴意义的。

第三节　创造力开发的障碍

有哲人说过，不了解形而上学，也就不可能真正了解辩证法。我们对此话的诠释是：不了解事物的反面就不可能真正把握事物的正面。同样的道理，开发创造力，我们首先也必须知道是哪些因素在阻碍、制约着创造力的发挥。否则，创造力开发就会"无的放矢"，事倍功半。如果不求面面俱到的话，我们可以把阻碍、制约创造力发挥的主要因素归纳为以下两大方面。

一、思维与观念障碍

阻碍创造力的发挥的思维与观念因素，主要是与个人的生活经验、社会的传统习惯密切相关。社会传统习惯促成了创造主体形成传统的或固定的观念，个人生活经验既对个体自身的观念形成有促进作用，同时对个体的思维方式的形成也有促进作用。所以，我们将思维与观念因素规约在一起分析。

其一，传统观念和固定观念。观念是内化于人脑潜意识中的观点和认识，人们在思维过程中，反复运用某种观点去思考、认识和评价问题，久而久之，这些观点和认识被积淀到大脑深层意识之中而达到了"无意识"状态，这就形成了固定观念。观念作为思维方式的主要构成要素，对人的认识活动起着巨大的制约作用。在人脑思维加工过程中，主体对材料的选择组织，对问题的评价、解释，很大程度上取决于何种观念。观念一旦形成，就会成为一种思维的惯性力，拒斥不容于它的其他新信息。这时原本适时的观念就变成了过时的观念，即传统观念。受传统观念的影响，人们就会因循守旧，墨守成规，用老眼光、老套路、老办法去面对新问题。受原有的思维空间的限制，跳不出原有的框框，人们也就无法实现对原有问题的认识和对现存世界认识的超越。与传统观念相应的，还有一种固定观念。它指的是人们在特定的实践领域和学科领域内形成的观念。固定观念与传统观念的区别在于：传统观念是侧重于从时间角度，而固定观念则是侧重于从空间角度①，禁锢思维创造的。

其二，日常习惯与大脑特化的功能。大脑是思维创造的器官，是思维创造的"加工厂"。在这个"加工厂"中，右半球发挥着"提取 – 构建"的创造功能，左半球主要承担对创造成果的逻辑评价功能。因此，左半球功能占优势者往往难以发挥创造性。主体偏于发挥左半球功能的原因，除了遗传的因素外，社会环境对两半球脑功能的分化也起着一定的促进作用。1974 年，心理学家盖斯温德（Geschwind, N.）曾对 10 – 44 周胎儿的脑进行了 207 例解剖研究，发现有 54% 的胎儿左脑颞叶面积大于右脑相应部位。28% 的胎儿左右脑无差异，右脑颞叶大于左脑颞叶的只有 18%。对 100 名健康新生儿的观察发现，新生儿在躺着的时间里有 88% 的时间是头向右边的，只有 9% 的时间转向左边。在言语的刺激下，新生儿左半球的脑电波反应较强；而在音乐等非言语的刺激下，右半球的脑电波反应更多。这在一定程度上反映出遗传因素对左右脑功能分化的影响。然而，从根本上说，环境因素在两半球分化上则起着决定性的作用。研究表明，如果环境不给大脑半球提供相应的发

---

① 张义生. 阻碍思维创新的主要因素 ［J］. 南京社会科学，1999（12）.

展所必需的刺激，脑半球就不会具有正常的功能。在一项调查中发现，家庭主妇中有80%是左脑型人，而大学体育俱乐部的大学生中有80%是右脑型人。这表明，日常活动所要求的用脑方式似乎直接决定了用脑的偏向。

左右脑功能偏向也存在特例。生活中就有左利手和右利手两种类型的人。研究表明，大多数右利手者，其言语中枢集中于左半球，他们擅长逻辑思维。近70%的左利手者，其言语中枢也在左半球，另有30%的左利手的人，其言语中枢在右半球。左利手的人都擅长整体的、形象的直觉思维。当个体脑半球功能的分化和定型初步完成时，各具风格的"左脑型人"或"右脑型人"便也开始形成。①

其三，思维定势。所谓思维定势是指心理活动的一种准备状态，它影响着人们思考、解决问题的倾向性。思考时，思维定势以惯性的方式支配着人们，在新问题面前仍然习惯地依据原有的思路进行思考。思维定势与传统观念或固定观念不同。虽然观念也会形成定势，但思维定势更多地来自以往思维时形成的方法或路径方面的习惯。观念定势是认识内容的积淀，而思维定势则是认识形式和方法的积淀。本质上，思维定势就是思维习惯。思维定势和固定观念对于我们解决经验范围内的常规性问题是有用的，它可以使我们驾轻就熟、简捷快速地对问题作出反应。但对于创造性问题的解决，它们就会成为一种障碍。它们使人们局限于某种固定的倾向反应，跳不出框框、打不开思路，从而限制了人们的思维创造。

二、教育与社会规范障碍

教育的本质应该是传承人类知识的精华和创造的精神，但传统教育却过分偏重于知识的传授，成为所谓的3′R教育，即读、写、算方式（read write arithmetic style）的知识传授教育。心理学家 R. H. 麦金认为，教育领域长年累月的3′R教育，使受教育者在言语或逻辑思维能力方面不断得到加强，相应地视觉思维能力则日益受到削弱乃至衰退。读、写、算方式的根本特点，就是不能由认识主体去直接感受那种鲜活的视觉意象，主体所能利用的只是

---

① 俞国良. 创造力心理学 ［M］. 杭州：浙江人民出版社，1996：96.

一些间接获得的、已经条理化的或已纳入现成规范中的知识。陷于现成规范或已有程式中的思维，是难以发挥主体的能动性进行自由选择与创造的。尽管 3′R 训练在个体认知发展的一定阶段是不可缺少的，但在利用现成知识，突破已有规范去创造新事物方面却显得极为不利。再者，传统教育中过分突出"听话"的养成，学校鼓励教育方式的"行政"类型——迫使或诱导学生在已有的规则系统中学习并追求学校的奖励，而且在一定程度上，学校还着意塑造"行政型"的人，也是导致学校所给的分数不能很好地预测学生将来在工作上能否取得成功的根由之一。① 正是因为传统教育不注重受教育者主体意识和独立思考习惯的培养，歪曲了教育的本质，扭曲了受教育者的认知风格，因而也严重压制了被教育者创造意识的萌发。

社会是一所开放的大学，社会规范对社会成员的"规约"作用，就是强调它的制约性，因而也在一定程度上压制着社会成员创造意识的诞生。所以，J. P. 吉尔福特指出，如果我们"把太多的注意力放在其他规范上，也会成为障碍。根据普遍公认的对心理健康的看法，迫使他们成为'常态'或'适应的'儿童，可能会压抑新奇的思维"。相反，癫狂病人迅速泻出的观念或精神分裂症患者高度奇异的想法中，之所以富含着极大新颖性，就是因为在这些人的思维中没有或极少有什么条条框框的束缚，而常人则不能，所以也就难得有新颖的观念闪现。当然，"癫狂病人迅速泻出的观念或精神分裂症患者高度奇异的想法"的输出，由于失去了"逻辑"的把握而完全是不切题的，失去了它的"有用性"。不过，这也是区别精神病患者的输出与正常人的输出的一条非常重要的准则。研究者们"也有发现这样一种现象的某种可能性：具有高度创造性的人是过于神经质的。心理测验证明，在这两者之间存在着一种细微的关系"②。可见，突破社会规范的束缚，走出传统教育的误区，应是创造力开发中的一个重要方面。

---

① 方平，谢丽丽，郭春彦. 智力风格的自我管理理论［J］. 首都师范大学报（社科版），1998（4）.

② ［美］J. P. 吉尔福特. 创造性才能：它们的性质、用途与培养［M］. 施良方，沈剑平，唐晓杰译. 北京：人民出版社，1991：145 – 146.

第四节 激发创造力的因素

遗传因素固然是创造性才能先天的前提和基础，然而后天的促成高创造性才能发挥的因素却很多，个体的生活经验、社会环境以及教育方式等都能起到十分重要的作用。由于促成因素种类繁多而且作用机制十分复杂，所以，这里我们只能择要概述一二，旨在明示其应为创造力开发中不可忽视的方面。

一、环境因素

"环境"是个多义词，即便是从促成创造性才能发挥的角度，在不同论域中也可对"环境"作不同的界定。比如自然环境、社会环境、工作环境、人际环境、教育环境、家庭环境，等等。仅就家庭环境而言，它就会直接影响到创造主体之创造性人格特征的形成。良好的家庭环境能为创造主体创造性才能的发挥提供较好的物质和生活条件，但也会让创造主体产生"惰性"，不利于创造主体创造性才能的发挥。相反，家庭困境倒往往能激发创造主体的创造性。所以常有"困境是财富"之说。学界的相关研究也支持着这种观点。J. P. 吉尔福特就指出："就家庭环境而言，人们发现，比较富有创造性的科学家和其他人，往往来自不幸的家庭，有些人的童年期甚至是悲惨的。他们往往缺乏父母的和谐、缺乏父亲或母亲的亲近，或双亲中有一人已去世，大多数富有创造性的个体很可能是长子或长女，或是家庭同胞兄弟姐妹中排行较前者。"他的学理假设是：运气不好的儿童和家庭排行较前者，面临着大量需要解决的问题，这就使他们有更多的机会来发挥解决问题的技能。

J. P. 吉尔福特研究的结论，同样适用于我国。1986 年至 1990 年，东北大学技术与社会研究中心"创造力研究课题组"人员，对我国部分科技人员的创造力进行了调查和测评。在被调查和测评的人员中，他们发现了一个令人深思的现象——获奖科技人员在未成年时，父亲或母亲去世的比率要大大高于非获奖组。研究者认为，家庭变故对一个人的影响是巨大的，特别是父母的早逝有可能使一个人的人格早熟、性格独立，而这种人格特征对创造主体产生创造性成就是十分重要的。①

现代创造学研究表明，有逆境、有压力，但又不失对有创造性才能者应有尊重的环境，是最能够激发创造主体创造性才能的环境。

二、人格因素

人格是一个包含多种因素或成分的复杂的心理学概念。我们认为，在人格因素中，性格、气质与认知风格等因素与创造性才能发挥的关系最为密切。就性格因素而言，研究者们发现，传统观念往往会给每一个创造主体以社会角色定位，并通过多种渠道将创造主体规范到所定位的角色之中。比如，一个人生下来就会因为男女性别的不同而被社会给予了女性或者男性的性别定位，女性就必须按照女性的社会规范去生活，男性则另有一套男性的规范制约着。这种性别规范常常会成为抑制主体创造个性发挥的因素。"人们常常发现，无论在创造性生产的哪个领域，比较富有创造性的男性（包括男孩和成年男子），在他们的人格结构中往往比其他男性多一点女人气。而比较富有创造性的妇女和女孩，一般则往往比其他女性更多一点男子气。显然，如果社会迫使儿童朝着常规的性别角色方向发展的话，他们的创造性倾向往往会受到损害"②。

人格心理学的进一步研究表明，与创造性之间具有高相关性的恰恰是所谓"男女双性化"的气质模式。也就是说，无论"男性气质"抑或"女性气质"，各自都有其有利于创造的一面，因此若能同时兼具这两方面的气质优势，即既有男性的"独立性"特征，也有女性的"敏感性"特征，更有可能表现出较高的创造性。美国柏克利加州大学人格测量研究所 F. 巴伦（Barron，F.）等人的研究也证实，创造主体的性别差异与其创造性之间存在着一

① 罗玲玲. 创造力理论与科技创造力 [M]. 沈阳：东北大学出版社，1998：78.
② [美] J. P. 吉尔福特. 创造性才能：它们的性质、用途与培养 [M]. 施良方，沈剑平，唐晓杰. 北京：人民出版社，1991：145–146.

定的相关性，即从创造性人格特征角度考虑，人的气质，如"女性气质"或"男性气质"，对于人的创造性有一定的影响。比如，男性往往更易于具有"独立性"的人格特征，女性则更易于具有"敏感性"的人格特征。有关学者曾对美国著名女遗传学家、诺贝尔奖奖金获得者 B. 麦克林托克（Mc-Clintock，B.）① 进行过研究，认为 B. 麦克林托克不仅是一位具有明显女性气质特征的女科学家，而且还极其"男性化"，比如，她也具有非凡的独立自主性的特点等。② 这种独特的"双性化特征"，极有可能是她能够作出巨大创造性贡献的因素之一。

精神分析学派的研究也持赞同看法。我们知道，C. 荣格（Jung，C. G.）与 S. 弗洛伊德虽然都是精神分析学派中的代表性人物，但两人之间却存在着很大的区别：荣格重视对健全人格的研究，弗洛伊德关注的则是病态人格的研究。在荣格看来，人的心灵或精神犹如一座岛屿，露出水面的可见部分是"意识我"；与之接近，但只有在潮汐变化中才露出水面而成为可见部分的，则是个体潜意识；集体潜意识则是不为所见而是深藏于海底的岛基或海床。而由这三个部分所构成的人的人格结构中，真正蕴涵着强大能量的则是深藏于海底的集体潜意识。所谓集体潜意识，实际上也正是个体在其一生中从未直接意识到，自然也不受其后天经验所左右的一种先天的潜意识的倾向性。荣格又称之为"原型"或"原始意象"。荣格认为，在多种多样的原始意象中，有四种原始意象最为突出，即人格面具、阿妮玛和阿尼姆斯、阴影和自我。荣格在这里所说的阿妮玛和阿尼姆斯原始意象，指的就是人格中所谓的"男女双性特征"。阿妮玛代表男性具有的女性特征；阿尼姆斯则代表女性具有的男性特征。"阿妮玛－阿尼姆斯"在拉丁语中是"灵性"，或"灵气"的意思。荣格使用它们，意在表明它们乃是人格特征中表现出灵气

---

① B. 麦克林托克于20 世纪 40 年代（1951 年正式发表论文）发现了"基因转座"问题。她认为，玉米籽粒颜色的遗传很不稳定，有时会出现一些斑斑点点，这是因为玉米的遗传基因可以转移，即可以从染色体的一个位点跳跃到另一个位点，甚至从一条染色体跳跃到另一条染色体。她因此而获得了 1983 年的诺贝尔奖。
② 傅世侠，罗玲玲，科学创造方法论［M］．北京：中国经济出版社，2000：58 - 60.

或灵性的方面。① 不难看出，荣格的意思是双性化的人格特征更易于创造性才能的发挥。

此外，人本主义心理学家也倾向于这种看法。A. H. 马斯洛就曾认为，"女性"实际上意味着富有创造性的各种事情：想象、幻想、色彩、诗歌、音乐、温柔、缠绵、浪漫，或者统称之为"柔弱"。他认为，"柔弱"和"稚气"一样，都是那种容易被注重实际的"硬性环境"所压制，以至于深藏于无意识之中。在他看来，真正能够产生新思想的原发性创造，正是那种深藏于无意识或所谓深层自我之中的"女性"人格特征。② 有基于此，引发那种深藏于无意识或所谓深层自我之中的"女性"人格特征，理应是激发创造性才能发挥的因素之一。

总之，创造力开发中应该注重对创造性人格的塑造。良好的创造性人格不仅是创造性才能的一个重要方面，更会因此而激发创造主体的创造性才能的发挥。

第五节　创造力开发的模式与方法

我们在前文已经表达了这样的思想，即创造力开发应该是一项系统的立体工程，因此，在开发方式上应该"多管齐下"，方能收全面开发之效。那么，如何"多管齐下"呢？我们这里给出工作的纲要。

一、生物模式及其开发

生物模式的开发重心在于对脑功能进行开发，尤其是对右脑功能的开发。这种开发方法是研究采用某些物质成分改善或激活脑的功能。如研制某些营养物质或药物，增强人类的记忆或学习能力，延缓衰老等，以此来开发

---

① 傅世侠，罗玲玲. 科学创造方法论 [M]. 北京：中国经济出版社，2000：184 - 186，224 - 225.

② 傅世侠，罗玲玲. 科学创造方法论 [M]. 北京：中国经济出版社，2000：184 - 186，224 - 225.

大脑的潜能。这项工作主要是现代生物学、生理学、医药学的任务。在近代科技史上，有一些报告提出，某些药物引起的状态据认为是有助于促进创造性思维的，但是，正如 J. P. 吉尔福特所指出的："看来没有哪一种由药物引起的状态能够保持始终是普遍可靠的。药物 LSD（麦角酸二乙基酰胺）在短时间内是有效的。在随后产生的副作用期间，LSD 的服用者报告说他们产生丰富多彩的幻觉。……那么，不断服用 LSD 药剂是否会使人有普遍的创造性呢？实验表明，服药者后来对感觉的东西更加注意了，并且有更高的审美鉴别力，但他们一般都没有成为更好的创造性思维者。"① 就目前情况来看，尽管媒体上铺天盖地地宣传着各种益智、记忆"药物"如何神奇与有效，但事实上，通过生物模式催化脑功能的方法还很不成熟，不仅远没有达到我们想要的——啥时需要创造性想象，它就能立即给予——的地步，而且它还潜伏着较大的副作用。这是一条有待于摸索的漫漫长路。

二、教育训练模式及开发

研究大脑左右半球功能的目的是为了开发大脑的潜在能力。作为一种间接作用，教育训练模式开发法是通过人的某种机体活动的刺激来发掘脑功能的潜能。止于目前，国内外专家已进行了许多探索性工作，总结出以下一些开发模式。

其一，肢体运动模式。这种模式的理论基础是大脑两半球控制着四肢，因此，通过四肢的强化活动，反过来可以促进相应大脑半球的生长发育，从而相应地发掘大脑半球的潜能。具体方法有：（1）手指快速计算法。要求 4 -9 岁的儿童按照录像学习手指快速计算。一般以 7 - 10 天为一个培训阶段。结果表明：能够使 4 - 9 岁的儿童进行看算、听算和脑算；增强了他们的音乐节奏感；而且，双手灵活，手指有力。（2）体育训练法。以学习好但不爱运动的学生和学习不好但爱运动的学生为被试。采用左右耳分别呈现听力题，观察学生计算结果的正确率。结果发现：训练前，两种学生（爱运动和不爱

---

① ［美］J. P. 吉尔福特. 创造性才能：它们的性质，用途与培养［M］. 施良方，沈剑平，唐晓杰译. 北京：人民教育出版社，1991：154.

运动）右耳听力题的正确率高于左耳，爱运动学生左耳听力题的正确率又高于不爱运动学生；训练后，爱运动学生听力题正确率提高幅度较大，不爱运动学生提高的幅度较小。该实验说明体育训练有助于创造力开发。（3）书法训练。香港中文大学高尚仁教授于1986年在研究中发现，书法对人的大脑左右半球的功能有影响。他以具有一定书法经验的书法家和无书法经验的人为被试，让他们进行书法创作，同时记录他们大脑左右半球的脑电活动频率。结果发现：用左手执笔进行书法创作时，无论是有经验的书法家还是无书法经验的一般人，他们大脑右半球的脑电活动明显比大脑左半球强；用右手执笔进行书法创作时，有书法经验的书法家的大脑右半球的脑电活动又明显比无书法经验者强。该实验说明：书法训练对人的大脑功能具有明显的影响，可以对大脑潜能进行开发。1991年高尚仁又与上海华东师范大学郭可教教授合作，再次进行书法训练的研究。结果发现：从事书法训练的人，经过30分钟书法训练后，大脑左右半球的反应时间比进行训练前明显缩短；有书法经验的人比无书法经验的人，大脑右半球反应时间的缩短比左半球更为明显。这一结果表明书法训练可以对大脑功能进行开发。后来，郭可教又以弱智儿童、智力正常儿童、普通小学的中差生和优等生为被试，结果表明：书法训练可以提高各类被试大脑的电生理活动和反应能力。同时也发现，书法训练开始的时间越早，对大脑功能开发的效果越好。（4）肢体训练法。通过身体的各种动作训练来刺激大脑相应部位，促进脑力潜能的发展。比较典型的实验是对于右利手的人进行左侧肢体训练，这种直接作用于右脑的刺激，对促进右脑潜能的发挥起着明显的作用。实验证实：对大批右利手的人进行左手、左脚等左侧肢体的专门锻炼，可以明显改善其中绝大多数人的记忆力。实验还证实，各种手指操、眼动操、健脑操对开发人脑潜能亦具明显的作用。

其二，物理模式。这一模式的基本原理是：大脑进行创造性思维或产生灵感时，容易出现a波。因此，只要通过一定的方法，引导大脑皮层出现a波，就能很好地提高大脑的工作效率。具体做法有：（1）脑电波法。使用脑电波诱导器——这种仪器是由日本学者研制的。该仪器可以让脑电波同频，使左右脑的脑电波统一并形成a波。a波的频率在8-13次/秒之间，它在人处于闭目静息、心情平静时容易出现。使用这种仪器可以使被试的注意力、创造力和直觉思维能力都有所增强，同时还能减轻肌肉的紧张状态。研究人员让被试从事某项活动时带上这种仪器，结果发现：用于运动员（马拉松接力赛运动员、足球运动员和体操运动员）训练，可提高成绩；用于成人，可提高他们的思维能力和记忆力；用于经营者，可提高他们决策的正确性。

（2）a学习法。荷兰心理学家研制出一种叫"洛特斯脑波1号"的装置，该装置也能够诱发被试大脑产生出a波。该波表示人进入了一种轻松的专注或意识清晰状态，这时大脑的左、右半球会达到完全专注与相互一致。据说，有人利用此装置，阅读速度提高了2至3倍，并能治疗某些脑部疾病，例如语言障碍、自闭症等。该装置还明显提高了75名来自欧美不同国家的男性高级主管和75名女秘书的各种能力，使他们表现出更多的创造性。

其三，精神放松模式。这种模式又叫沉思模式。其基本原理是：人进入沉思状态和没有进入沉思状态，其大脑皮层的脑电图是不一样的。研究发现，如果让被试进入沉思状态，其大脑左右两半球的脑电活动同时明显增强。也就是说，在这种状态下，大脑两半球似乎同时进入发挥作用的状态。沉思模式可以抑制一侧大脑半球的过度活动，增强两半球之间的联系，使两半球同时发挥作用。具体地说：（1）暗示法。这是保加利亚的一位研究者于20世纪60年代中期提出的。它要求被试做到以下几点：全身放松：心理放松；通过暗示肯定自己的能力；回味以往的学习乐趣；有节奏的呼吸；听音乐进行学习。通过以上训练能使不同年龄的人的学习效率提高5至50倍；能在短时间内记住大量外语单词，并且记得快而忘得慢。（2）冥想体操法。给学生听轻松音乐；教会学生平和呼吸；指导学生根据要求进行动作；让学生按要求边动作边想象。通过上述训练发现：幼儿的动作协调能力与乐感明显加强；小学生的创造性思维成绩显著提高；学生的身体素质提高，例如近视率显著下降；弱智儿童的智力得到改善；学习时的疲劳感明显减少；学习成绩明显提高；学习动机增强。

其四，倒逆模式。这种模式的原理是，变熟悉为陌生，增强好奇心和敏感性。具体方法有：（1）倒画。使熟悉的形象变成陌生的形象，使作画的工作区由左脑转移到右脑。（2）倒读。人工创造新形象，引发右脑功能。（3）

反手书法。用与利手相反的手（左手或右手）书写。书法是一种形象思维，左手由右脑主管，左书可锻炼右脑。(4)倒书。倒着临帖，倒着写字。①

其五，汉字学习模式。该模式的原理是：汉字是"复脑文字"②，学习和加工汉字，不仅需要左脑参与，也需要右脑参与。因此，通过学习汉字，就能促进大脑左右半球协调活动，从而发挥大脑的潜能。具体的研究有：(1)法国的研究。法国汉语研究会以巴黎一所学校的3－5岁幼儿和小学一年级（6岁）三个班的学生为被试，教他们学习汉字。结果发现：对儿童的潜能发展有促进作用。(2)美国的研究。美国宾夕法尼亚大学的研究人员以8位年龄在7.5－8.8岁的小学生为被试。这些孩子已经在校学习了近两年的英语，但仍没有掌握好英文单词的发音。经智力测验这些儿童均属正常（智商在80－120之间），但都有阅读困难。主试者选择了30个汉字（母、见、大、刀、有、一、书、父、二、人、小、家、买、跟、你、说、白、红、车、要、好、不、鱼、他、用、这、口、给、哥、黑）为学习材料。实验过程是，首先把30个汉字分为7个学习单元，依次分期学习。但是，学习汉字时他们都是用英文发音，即看汉字，说英语。在被试学习完30个汉字后，让他们阅读用这30个汉字组合的句子和短文。教学持续时间为2.5－5.5小时。结果发现：无论是即时检查还是间隔24－33天后检查，被试的学习效果都保持得很好。这些儿童说英语不再感到困难了。8个人中有3人训练前后阅读水平没有发生显著变化，5人训练前后阅读水平提高了1级。

其六，珠象心算模式。其基本原理是：大脑进行抽象思维时，如果有形象思维参与，就能够提高思维的效率。杭州大学教育系于1991－1995年在杭州拱墅区开展了"珠象心算"的教学实验。幼儿或小学生在双手实际拨珠打算盘的活动中，由于手指的小肌肉群频繁的触摸算珠，手指不断地伸张弯曲，形成清晰的珠算运算表象，促进形象思维由简单到复杂，由低级向高级不断发展。珠算活动可从直接拨珠计算到模拟拨珠计算，再到想象拨珠计算。想象拨珠计算是右脑形象思维得到高度发展的结果。大脑正是在这种发

---

① 田运. 思维辞典［S］. 杭州：浙江教育出版社，1996：110.

② 复脑文字就是由大脑左右半球同时对其加工的文字。

出动作指令、接收反馈信号的相互作用中得到锻炼和发展的。实验证实：受训珠算活动的学生注意力集中，记忆力强，反应速度快，心算水平高。该方法的主要训练过程是：第一，熟练珠算，打好基础。第二，进行三项训练，即操作记忆训练；数珠互译训练；算法表述训练。第三，珠象内化。训练方式主要有实拨、仿拨和想拨。第四，典型思路，促进迁移。该实验从小学一年级开始，为期四年。在被试升到四年级后，以参加训练的实验班学生为实验组，以同年级没有参加训练的学生为对照组。比较了两组学生在数学综合水平、计算能力、理解数学基础知识等方面的差异。结果发现，实验组比对照组在上述三方面的得分高得显著。①

其七，形象思维训练模式。在教学过程中，重视利用实物形象、动作形象和言语形象，引导学生联想，开发右脑功能。不少优秀教师在这方面作出了许多有益的尝试。如在教育、教学过程中，注意创造性地运用多媒体（主要是指'传统教学媒体''现代教学媒体'和用于即时反馈的学生反应工具），使教育教学生动形象，效果突出。又如，在数学教学中注意形数结合，在语文教学中注意组织学生对事物、人物、情景的观察，引导学生联想、想象，让学生演课本剧，根据文章编剧等。这不仅使学生生动地、创造性地学习，也能促进学生形象思维的发展。

其八，整体性学习模式。右脑接受信息多以整体方式实现，比如，对一个人的辨认，就是从整体入手的，无须进行局部分析。因此对某些内容的教学，不应过分地强调分析和所谓"讲深讲透"。天津教育科学院研究人员利用大脑右半球整体接受信息的优势，在游戏中对幼儿进行听读识字的实验。该实验不是让幼儿一个字一个字地认读，而是一篇一篇课文地读，熟读后，幼儿就能一串一串地识字，口语与书面语同步发展，促进了幼儿的认字，也开发了幼儿的智慧潜能。日本著名音乐教育家铃木镇一，在教孩子学习小提琴的过程中，不是用分析的方法，一个动作一个动作地教，而是强调重复、

---

① 沈德立. 关于大脑左右半球功能及其协调开发［J］. 天津师大学报（社科版），
　　1998（4）.

记忆及直觉的整体学习方法，也收到了促进右脑潜能发挥的效果。①

其九，思维活化模式。由于大脑有自动地把信息按照固定模式进行加工的机制，因而极易形成思维定式。"活化"思维，就是有意识地通过一些精巧的思维游戏，改变过去的思维定式。具体方法很多，诸如：（1）难题法。通过解答难题的办法培养思维的柔软性。（2）流畅训练。通过联想和表达方面的训练，使头脑处于一种不息的流动状态，防止思维"短路"和僵化。比如，可以用触发概念的方式，进行强制性联想等。（3）空想结果训练。对各种事态的发展结果展开空想。（4）幽默训练。对严肃的事情，不妨"幽他一默"，转换一下思路。（5）趣味档案。将一些精美的创造性思维案例收集起来，时时揣摩，启迪自己。②

三、社会环境模式及其开发

创造是人的创造，不是"机器"按规则进行的操作。人是社会的人，不是物理性质的物体。创造主体的创造活动需要有社会环境的支持。社会环境开发，可以通过以下途径进行。

其一，营造一种承认创造主体创造价值的社会氛围。我们决不可以无视这样的事实，即从事创造的是一个一个性格鲜明的人。如果创造者感受不到社会在关注他们，或是认为社会对他们的贡献无动于衷，他们就会心怀不满而失去再创造的热情。要激发创造者，积极发掘创造者的潜能，最重要的是让创造者确信社会是真正需要他们的创造的。承认创造的价值，是为延续创造生命而提供的社会土壤。把有创造性才能者提升到较高的职位上，授予创造者以某种称号，公开表彰创造者，给予他们物质上的重奖等，固然不失为有效的开发方法，但方法远未止于此，需要社会也要开动脑筋深度开发更为优良的社会氛围。诸如：（1）给创造者流动的机会。把固定于某一小单位或部门的创造者流动到其他单位或部门，使不同风格的创造者之间有相互启发

---

① 余强基. 右脑潜能与脑力潜能的开发模式 [J]. 天津师大学报（社科版），1996 (1)．

② 王习胜. 点子初探之四：点子开发 [J]. 六安师专学报，1998 (4)．

的机会，以触动他们的创造"神经"，撞击新"创造"的火花。（2）有意识地请创造者出来解决单位、部门及社会中的那些最棘手的问题，而不是"凡事必专家"，让有创造性才能者感觉到他们是"有创造性"的，这将远远胜过表扬或奖金的激励作用。（3）任用有创造性才能的领导。这并不是说一定要让最有创造性才能者居于单位负责人的地位，但占据这一职位的人，其创造力水平一定得超过那个组织中一般成员的水平，否则，他们没有心力接纳组织成员所提供的创造，就会对组织成员的创造意念造成伤害。有创造性的领导，对组织成员也是一种无形的鞭策，这十分有利于该组织的创造力开发。领导带头进行创造，必然深谙创造之苦而主动地承担起有创造性才能者的"后勤部长"，这就会在单位中带动并形成一种崇尚创造的氛围，从而给有创造性才能者以更多的信心促使他们殚精竭虑地去进行创造活动。

其二，适时适量地施加压力。正如我们在"创造的动力"一节中所指出的，适时适量的外在压力通过内化往往可以成为创造的动力。这是因为：人，一方面有永不满足于现状的需求心理，另一方面又有自我陶醉、自我麻木的心态。适时适量地施加一些压力，也是逐其惰性，迫其发挥创造潜能的良方。压力可以从社会、经济、工作、家庭、逆境等多方面进行。① 前文已有阐述，这里不再赘述。

四、创造性人格模式及其培养

创造性人格是一个综合概念。研究发现，创造性人格在如下方面具有其特征：（1）人生态度方面的特征。具有创造性人格特征的人生态度，对人类文明进步有一种责任感，愿意为之作出贡献，具有为之牺牲的精神。人生观和处世态度在创造性人格结构中起到灵魂的作用，决定了一个人是否脱离了低级趣味，从事并胜任体现人类最高智慧的事业。（2）自我意识方面的特征。创造力高的人应该有自知之明、自我统一，不断从其内在精神活动中获得创造源泉；自我承认，具有无私精神，能妥善处理内在的感觉和情绪，相信某种东西是有价值的、有意义的，具有哲学家的气质；自我肯定，甚至有

---

① 王习胜. 点子界说、价值与开发［J］. 安庆师院社会科学学报，1998（4）.

点自负。自我意识是创造性人格的控制阀，自我意识强者则会不断地、大胆地进行创造，反之，则无所作为。（3）动机方面的特征。具有创造性的人，在动机方面具有以下特点：内在动机水平高而且复杂，喜欢富有挑战性的工作，好奇心强，对所从事的工作有强烈的兴趣，对鼓励敏感，同样也能及时地摆脱嘲笑和批评的不利影响，并以谦虚的态度接受世人给予他们的承认和报偿。（4）认知风格方面的特征。创造性认知特点表现为：工作积极主动，独立判断并做出决定；对接触的事物十分敏感，善于发现问题，容忍模糊；思维灵活而又独特。认知特点往往决定着创造主体创造活动的整个框架。（5）情感气质方面的特征。在情感气质方面，具有高创造性的人是感情范围宽阔的人，他们敏感，能体验到人类的全部感情。他们精力充沛、坚韧不拔，有克服困难的勇气、耐心和意志，有控制冲动的高超能力，有惊人的自我约束力①。

本章小结

一、辩证地看待传统教育

我们赞同 J. P. 吉尔福特的观点，思维的成败部分取决于记忆贮存中有关信息的多寡。一些杰出的创造性人物一般都同意这种说法：大量的信息贮备是必需的。这是因为我们产生的几乎是所有的观念，都是通过提取我们记忆贮存中的信息这样一种方式获得的。正如约翰·杜威（Dewey, J.）所说的："我们可以有事实而没有思维，但我们不可能有思维而没有事实。"②

一个人的想象力与其知识广博程度有密切关系。独创性的设想常常来自于发现两个或两个以上研究对象或设想之间的联系或相似之处，而这种联系

---

① 罗玲玲. 创造力理论与科技创造力 [M]. 沈阳：东北大学出版社，1998：208 - 211.

② ［美］J. P. 吉尔福特. 创造性才能：它们的性质、用途与培养 [M]. 施良方，沈剑平，唐晓杰译. 北京：人民出版社，1991：142.

或相似之处在别人看来似乎是不存在的。可以说，我们的知识越丰富，能产生重要设想的可能性就越大。古希腊国王虽然非常想知道金冠里是否掺了假，但他却产生不了阿基米德发现浮力的灵感；牛顿虽是一位富有创造力和创造精神的伟大的科学家，然而，在他的头脑里却产生不了相对论的灵感，因为他没有接触到有关物体高速运动规律的问题……没有相应的知识储备，就难有惊人的创造之举。尽管人们获取知识的途径有很多，但接受教育仍是主导途径。同样，创造力的培养与开发也离不开知识的教育。

当今，各种教育模式层出不穷，较为一致的矛头均指向传统教育。那么，传统教育必须彻底否定吗？

辩证地看，传统教育也有其合理的一面，即知识点的传授。相应的知识储备是科学创造必要的基础和前提。如果我们彻底地否定传统教育，显然不是科学的态度。传统教育最大的败笔在于它没有重视或培养受教育者的创造意识，而创造意识又恰恰是创造活动的核心因素。相应的，如果把创造教育仅仅理解为对创造发明思维技法的训练，那么创造教育将会陷入另一个泥潭之中。抛开知识的学习而单纯进行创造性思维训练，或者是发明创造技法的训练，那样的创造教育也就成了无源之水，甚至是本末倒置的。辩证地看传统教育是为了正确地对待创造教育。我们认为，创造教育之核心是在于培养受教育者的创造意识，但这并不拒斥知识点的学习和记忆。只有在此基础上，再进行脑功能及创造技法方面的开发和训练，才是在正确的教育理念下进行的创造力开发，唯有如此，也才能达到创造力开发的目的，实现创造力开发的初衷。

二、当前创造力开发中的不足

我们与沈德立教授有同感，即当我们回顾目前国内外有关大脑开发的研究成果时，一方面感到高兴，因为无论是国内还是国外，都有不少人在从事开发大脑功能的工作，并已取得一定的成果；另一方面又感到一些不足或缺憾。第一，理论基础薄弱。它表现在多个方面。比如，支持创造力开发的方法论理论是什么？再者，开发工作与当代脑科学研究的最新成果联系不密切。脑科学研究的新成果已经证实大脑完成的任一心理活动都是左右半球协同活动的结果。而目前仍有人在片面提出要开发大脑右半球的功能，并极力批评当代教育是过度开发大脑左半球功能的教育，这种错误的指导思想肯定有害于实际工作。第二，开发大脑的短期效果虽然显著，但长期效果还不得而知。目前的创造力开发不仅没有上升到系统工程的角度去认识，更没有以系统工程去进行。"东一榔头，西一棒槌"，"热一阵，冷一段"，往往事倍功半，事与愿违，不仅收效不显著，还影响了"创造力开发"工作的信度。第三，检验大脑功能开发的权威性指标还没有形成。创造力评价标准没有确立，开发的真正效果难以判别，"好"与"不好"难以证实亦难证伪，最终不得而知。第四，开发大脑功能的方法的针对性不强，没有重视大脑功能发育上存在的个体差异。① 创造就是因其新颖、独特而谓"创造"，而我们的创造力开发却是对不同对象采用整齐划一的方法，不能不说是一大悖论。失去个性、独特性的创造力开发将难言成功！

三、创造力开发的"创造"意义

创造的深层本质是思维的构造。思维创造是对自然无限存在可能的破译或重构。人类不断积淀的知识与经验，既为人类认识世界和改造世界提供了基础，也构成了人类认识新问题解决新问题的障碍。现实的创造力是创造性人格特征与创造动机、创造能力进行交互作用的结果，在这种交互作用中还有创造认知风格和情感对创造行为的切实参与和整合。由此，我们认为，所有的创造力培养与开发方法，其方法论的意义不外乎在于：从人格特征、社会环境等方面，为诱发创造性思维的诞生提供内因和外因的可能有利的条件，为思维突破障碍，进行创造性构建，拓展一片更为广阔的表征空间。

---

① 沈德立．关于大脑左右半球功能及其协调开发［J］．天津师大学报（社科版），1998（4）．

主要参考文献

［1］马克思. 资本论（第 1 卷）［M］. 北京：人民出版社，1975.

［2］马克思，恩格斯. 马克思恩格斯选集（第 2 卷）［M］. 北京：人民出版社，1972.

［3］马克思，恩格斯. 马克思恩格斯选集（第 3 卷）［M］. 北京：人民出版社，1972.

［4］恩格斯. 自然辩证法［M］. 北京：人民出版社，1971.

［5］列宁. 唯物主义与经验批判主义［M］. 北京：人民出版社，1956.

［6］毛泽东. 毛泽东选集（第 3 卷）［M］. 北京：人民出版社，1991.

［7］毛泽东. 毛泽东选集（1 卷本）［M］. 北京：人民出版社，1967.

［8］刘步林，成松林. 简明天文学手册［S］. 北京：科学出版社，1986.

［9］彭秋和，黄克谅. 神秘的宇宙［M］. 北京：科学出版社，1987.

［10］张久宣. 圣经故事［M］. 北京：红旗出版社，1994.

［11］崔大华. 庄子歧解［M］. 郑州：中州古籍出版社，1988.

［12］李如生. 有序与无序的奥秘［M］. 北京：人民教育出版社，1984.

［13］吴祥兴，陈忠. 混沌学引论［M］. 上海：上海科学技术文献出版社，1996.

［14］刘式达，刘式适. 混沌的本质［M］. 严中伟译. 北京：气象出版

社，1997.

[15] 颜泽贤. 耗散结构与系统演化 [M]. 福州：福建人民出版社，1987.

[16] 李秀林，王于，李淮春. 辩证唯物主义和历史唯物主义原理（第四版）[M]. 北京：中国人民大学出版社，1995.

[17] 陈兵. 人类创造思维的奥秘——创造哲学概论 [M]. 武汉：武汉大学出版社，1999.

[18] 傅世侠. 科学前沿的哲学探索 [M]. 沈阳：辽宁人民出版社，1983.

[19] 邱仁宗. 当代思维研究新论 [M]. 北京：中国社会科学出版社，1993.

[20] 傅世侠，罗玲玲. 科学创造方法论 [M]. 北京：中国经济出版社，2000.

[21] 肖静宁. 脑科学概要 [M]. 武汉：武汉大学出版社，1986.

[22] 刘晓明. 视觉思维的创造性研究 [C]. 中国创造学论文集. 上海：上海科学技术文献出版社，1999.

[23] 罗玲玲. 创造力理论与科技创造力 [M]. 沈阳：东北大学出版社，1998.

[24] 李崇富. 哲学思维的智慧 [M]. 北京：清华大学出版社，1996.

[25] 孟昭兰. 普通心理学 [M]. 北京：北京大学出版社，1994.

[26] 章士嵘. 认知科学导论 [M]. 北京：人民出版社，1992.

[27] 周义澄. 科学创造与直觉 [M]. 北京：人民出版社，1986.

[28] 王甦，汪安圣. 认知心理学 [M]. 北京：北京大学出版社，1992.

[29] 江丕权，李越，戴国强. 解决问题的策略与技巧 [M]. 北京：科学普及出版社，1992.

[30] 陶伯华，朱亚熊. 灵感学引论 [M]. 沈阳：辽宁人民出版社，1987.

[31] 全增嘏. 西方哲学史（上）[M]. 上海：上海人民出版社，1983.

［32］傅世侠，视觉思维及其创造性问题探讨［C］．中国创造学论文集．上海：上海科学技术文献出版社，1999．

［33］徐方启．日本的创造学研究［C］．中国创造学论文集．上海：上海科学技术文献出版社，1999．

［34］陈昌曙．技术哲学引论［M］．北京：科学出版社，1999．

［35］庄寿强，戎志毅．普通创造学［M］．徐州：中国矿业大学出版社，1997．

［36］鲁克成，罗庆生．创造学教程［M］．北京：中国建材工业出版社，1997．

［37］庄传岑，张振山．创造工程学基础［M］．北京：解放军出版社，1998．

［38］张巨青．辩证逻辑导论［M］．北京：人民出版社，1989．

［39］陈昌曙．自然辩证法概论新编［M］．沈阳：东北大学出版社，2000．

［40］姜晓辉．智力全书［M］．北京：中国城市出版社，1997．

［41］熊益群．小儿智力发育300问．北京：中国中医药出版社，1998．

［42］林传鼎．智力发展的心理学问题［M］．北京：知识出版社，1985．

［43］方宗熙．遗传工程［M］．北京：科学出版社，1984．

［44］梁志成．遗传优生与生殖工程［M］．广州：暨南大学出版社，1992．

［45］国良、石青．神童、天才与优生［M］．天津：南开大学出版社，1993．

［46］罗玲玲，任蕊．从日本发展国民创造性的特点看我国创造资源的开发［C］．庄寿强．创造学理论研究与实践探索．徐州：中国矿业大学出版社，1995．

［47］联合国教科文组织国际教育发展委员会．学会生存［M］．北京：教育科学出版社，1996．

［48］俞国良．创造力心理学［M］．杭州：浙江人民出版社，1996．

［49］田运. 思维辞典［S］. 杭州：浙江教育出版社，1996.

［50］（美）D. 舒尔茨. 现代心理学史［M］. 杨立能等译. 北京：人民教育出版社，1985.

［51］（美）A. H. 马斯洛. 创造与动机［M］. 许金声等译. 北京：华夏出版社，1987.

［52］（日）稻毛诅风. 创造教育论［M］. 刘经旺译. 上海：商务印书馆，1933.

［53］鲁道夫·阿恩海姆. 艺术与视知觉［M］. 滕守尧译. 北京：中国社会科学出版社，1984.

［54］R. H. 麦金. 怎样提高发明创造能力：视觉思维训练［M］. 王玉秋，吴明泰，于静涛译. 大连：大连理工大学出版社，1991.

［55］爱因斯坦. 爱因斯坦文集（第1卷）［M］. 许良英，李宝恒，赵中立，范岱年译. 商务印书馆，1976.

［56］（美）G. 霍尔顿. 物理科学的概念和理论导论（上册）［M］. 北京：人民教育出版社，1983.

［57］（美）J. P. 吉尔福特. 创造性才能：它们的性质、用途与培养［M］. 施良方，沈剑平，唐晓杰译. 北京：人民教育出版社，1991.

［58］赖欣巴哈. 科学哲学的兴起［M］. 北京：商务印书馆，1983.

［59］保罗·费耶阿本德. 反对方法：无政府主义知识论纲要［M］. 上海：上海译文出版社. 1992.

［60］（英）K. R. 波普尔. 猜想与反驳：一种科学知识的增长［M］. 傅季重译. 上海：上海译文出版社，1986.

［61］（美）阿瑞提. 创造的秘密［M］. 钱岗南译. 沈阳：辽宁人民出版社，1987.

［62］（美）托马斯·布莱克斯利. 右脑与创造［M］. 傅世侠，夏佩玉译. 北京：北京大学出版社，1992.

［63］（美）汤普森. 生理心理学［M］. 北京：科学出版社，1981，

［64］（美）司马贺. 人类的认知［M］. 荆其诚，张厚粲译. 北京：科学出版社，1986.

［65］（德）韦特海默．创造性思维［M］．林宗基译．北京：教育科学出版社，1987.

［66］（俄）伊戈尔·诺维科夫．黑洞与宇宙［M］．黄天衣，陶金河译，南京：江苏人民出版社，2000.

后　记

这是一本文字不多但时间跨度颇长的小册子。

这本书起意于 1994 年秋。是年，我在大学毕业工作 7 年之后，试图摆脱"有偿新闻"带来的经济事务的缠绕而再次开启求学之旅。当时求学于苏州大学政治系，有幸在小范围内聆听崔绪治、王金福、任平等诸位先生的授课。特别是崔先生和任先生授课中涉及很多企业管理与人际交往中的精彩案例，深深地吸引了我。我便在课余收集这种案例，竟然编著了一本近 18 万字的通俗小书，试投稿给苏州大学出版社。编辑肯定了这种书的市场价值，但要求我包销售若干册。我的本意是赚取一点润笔费，贴补生活，所以这事便告吹。后来我又盲目投稿其他出版社，居然被河南人民出版社一位擅长于策划"点子文库"的编辑看中，但他要求我尽可能扩充字数，要有厚重感。后来，我竟将它扩充到了 37 万字，于 1998 年正式出版，并得到了一笔在当时算是"巨额"的稿酬。当然，得到那笔稿酬也是十分辛苦的。37 万字，不仅是手写，而且是一遍一遍地誊抄……

因为有这种案例的积累，加之当年人们对"点子"很热衷，于是我接着写了"打官司的点子""领导交往与艺术"，甚至在一系列小文章的基础上写作了"点子学"。前两本已经印出校样，因为当时的"点子大王"何某出事了，点子之类的书籍也不再被热捧，所以只能夭折。后一本交由某大学出版社自费出版，因为费用不菲，而且自我感觉学术品质也不如意，所以就主动撤回了书稿。正是在这种"奋斗"的困境中，1999 年秋，我决意再次打起背包赴外求学。

　　我将我的一些想法写信向北京大学科学与社会研究中心傅世侠教授汇报，有幸得到傅先生的肯定，并同意我作为她当年的访问学者前往学习。在科学创造力研究方面，傅先生是国内学界公认的知名专家，而创造力与"点子"之间又有不需要多说的关联与层次。所以，能够到傅先生门下学习"创造力专题"，在学理方面才真正算是上了"层次"。因为有傅先生的提携，我得以参加中国发明协会高校创造教育分会第四届（1999 年 12 月，北京航空航天大学）、第五届（2000 年 10 月，湖北计划学院）等全国性创造学研讨会，以及中、日创造学会联合举办的、多国专家与会的国际创造学研讨会（2002 年 8 月，上海青松城酒店）。这些会议，不仅给了我向该领域一流专家们学习的机会，也使得我有机会对国内外创造学领域的前沿研究状况有所了解；因傅先生的推荐，我得以参与中央人民广播电台"怎样提高创新能力"系列讲座的撰稿工作，有与国内有关专家进一步交流学习的机会，并因此承蒙北京创造学会秘书长李全起教授的抬爱而被北京创新思维研究所聘为外籍副研究员。所有这些，不仅保证了本选题的前沿性，也为本书的立意和写作奠定了难得的学术前提与基础。

　　傅先生和时任沈阳建筑工程学院教授后调任东北大学博士生导师的罗玲玲教授，不仅给了我思想的启迪，还在百忙之中审阅了全部书稿，提出了极为宝贵的意见。

　　记得在 2000 年 5 月 23 日下午，在北京大学科学与社会研究中心小楼上的"STS"讨论会上，我以"序律与创造：从本体论角度看科学创造的可能性问题"为题，第一次对本书的思路作了结构性表述。会后，任元彪博士（时任北京大学科学与社会研究中心硕士生导师、副教授）、罗卫芳博士后等对我的想法给予了积极的肯定，并就一些问题提出了难得的修正意见。

　　这里我要感谢我的学术启蒙之师——皖西学院（时为六安师专）张盛彬教授。想我今日能写一些文字，与张老师的帮助是分不开的。1989 年，我的处女作就是经张老师之手改了 8 遍之多才面世的。在 1989 到 1999 年的这些年，张老师一直在提鞭执耳地督导着我。现在老先生已经作古，但我仍然不能忘怀他的帮助。

　　此外，要特别感谢我的领导与挚友汪平先生，北京大学科学与社会研究中心主任、科学哲学专业博士生导师任定成教授，以及孙雍君博士、邓雪梅博士等诸位，因为有了他们的帮助，我的写作工作才得以持续并最终完成。同时，皖西学院马育良教授、王明桢主任、关传友先生等为本书的出版提出了很多有益的建议，给予了多方面的帮助，一并致谢！

我要感谢我的爱妻张德莲女士和幼子王维，是他们最大限度地宽容了我对家庭的忽视而专心于自己的爱好，没有他们的宽容与谅解，我是没有时间和机会写出这些文字的。

光阴荏苒，写作这本小册子初稿时的人与事已成记忆。斗转星移，物是人非。当年的我属于"大本"学历，没有经过学术的锤炼，纯粹是因为"好奇心"的驱使而在学术的门外摸索。时下的我已知天命，门下弟子包括硕士、博士、博士后和访问学者恰好72人。当年的幼子今已成才，即将博士毕业，踏入社会，担当美丽中国和美好生活建设之大任。此时的我再次修改而立之年的作品，那种感觉犹如一位经历了沧桑的老人在看意气风发的青年构想，其中的稚嫩一览无余，而其中的创意却是那么令人心动。仅就后面的一点而言，逐渐老成之后的我要向曾经饱含创意冲动的我致以学术创新的敬意！年轻好，年轻就是生命力，年轻就有探索无限的可能，年轻就有可能去探索无限……

在学界同仁和门下弟子以新时代的信息道贺2018年新年之际，将这些文字附录于书后，也算是一种"致青春"吧。

是以为记。

王习胜
初记于2002年8月26日子夜
济南·益寿家园
再记于2017年12月31日晌午
芜湖·文津花园